CHIP ERA

THE UBIQUITOUS CHIPS

芯时代

无所不在的芯片

李章勇 / 主编
吴静　张红升 / 副主编
吴静　余胜奇　赵静欣 / 编著

重庆出版集团　重庆出版社

“筑梦芯时代”科普丛书
编委会

作者简介

李章勇

二级教授，博士生导师，重庆邮电大学党委常委、副校长，重庆市“巴渝学者”特聘教授，重庆市学术技术带头人。主要从事复杂脑动力与图像智能、集成电路设计、晶圆多光谱缺陷检测等领域的科学和产业化技术研究。

吴　静

高级经济师，硕士生导师。全国科普工作先进工作者，重庆市省部级科普基地负责人，重庆市科技青年联合会科学教育专委会副主任委员，重庆市科普研究会常务理事。重庆市青少年创新人才培养计划优秀项目负责人，主理多门芯片科普课程深受好评。

张红升

教授，博士生导师，重庆邮电大学光电学院院长，重庆市集成电路协同创新中心主任。设计多款 DAB/DMB 基带芯片，关键指标优于 TI、Frontier 等国外芯片，基于该芯片开发的终端已量产并出口欧洲。

余胜奇

英国纽卡斯尔大学集成电路科学与工程博士，重庆邮电大学讲师，研究领域主要为面向后摩尔时代智能高效计算的非传统结构电路和芯片。

赵静欣

重庆邮电大学空间通信研究院科普基地科普创作中心主任，长期深耕科普创作领域。

序

CHIP ERA：

THE
UBIQUITOUS
CHIPS

点沙成芯的传奇

当手机为你提供实时高清视频通话，当导航软件为你在陌生街道规划出最佳路线，当 CT 设备为你呈现清晰的断层扫描图像，当服务机器人为你通过语音交互答疑解惑……这些日常科技场景背后，都有一位不可或缺的幕后操控师——芯片。

指甲盖大小的芯片却蕴含惊人的计算能力——它可以在一秒内完成数万亿次逻辑运算。无论是将摄像头捕捉的光信号转化为数字影像，还是把声波信号翻译成文字指令，抑或是从海量数据中提取最优解，都得益于芯片内部上演的微观奇迹。在这方寸之间的硅晶世界里，上百亿纳米级晶体管高效运转，筑成了我们感知数字现实的核心基石。

那么，芯片到底是什么，它又从何而来呢？

❶ 芯片，现代科技的心脏

芯片，通常也被称为集成电路、微电路、微芯片，在电子学中是一种将电路（主要包括半导体设备，也包括被动组件等）小型化的方式，通常制造在半导体晶圆表面上。作为电子设备的关键核心部件，芯片被形象地称为现代科技的“心脏”。

在芯片诞生之前，电子设备依赖大量分立元件（如电阻、电容、二极管等）组成复杂电路，笨重且效率低下。直到 1947 年,晶体管的发明为电子设备提供了更小、更可靠的核心元件，而 1958 年第一块集成电路的诞生，将电路设计带入微缩化的新时代，从而催生了芯片技术和现代微电子产业。

从智能手机到卫星导航，从笔记本电脑到人工智能，芯片的身影无处不在。那么，这枚驱动现代文明的芯片究竟如何诞生？让我们从一粒沙开始，追溯它的前世今生。

❷ 沙与硅，奇迹的起点

芯片的诞生，得从最寻常的“沙”说起。沙子是地球上最常见的自然资源之一，其中蕴含的二氧化硅（SiO_2）是制造芯片的主要原料。

在极其严格的无尘环境里，沙粒经过超高温冶炼，先转化为 98% 纯度的冶金硅，再经过进一步提纯，最终得到纯度达 99.9999999%（9N 级）的电子级多晶硅，相当于每吨硅料中杂质总含量不超过 1 毫克。当这些高纯度硅进入 1400℃的熔炉中旋转生长，便会结晶成圆柱状的完美晶体——单晶硅锭。

随后，金刚石线锯开始大展身手：它用镶嵌着微米级（1 微米等于百万分之一米）金刚石颗粒的钢丝，将硅锭横向切割成薄薄的晶圆片。这些晶圆片再经过纳米级（1 纳米等于十亿分之一米）抛光处理，最终形成了表面光滑如镜的硅晶圆，也被称为“硅片”或“抛光片”，这些硅晶圆便是芯片制造的基材。

❸ 晶体管的制造，追求极致精密的奇迹

接下来便是赋予芯片真正生命力的重要环节——晶体管的制造。芯片的强大功能，依赖于内部数亿甚至数百亿个晶体管的精密工作，而这些晶体管的结构已经缩小到纳米级别，是电子世界中的“原子建筑”。这种微观奇迹得以实现的核心基础便是光刻技术。

光刻堪称芯片制造的灵魂工艺，其原理类似于胶片摄影，但更为惊艳。光刻机通过反射镜系统精确聚焦波长仅 13.5 纳米的极紫外光（EUV），将电路设计图层层缩印到硅片表面。这种层层叠加的工艺，仿佛是以纳米级别的刻刀在硅片上微雕一座座数字世界的宫殿。

然而，光刻仅仅是开始。晶体管的制造还需要经过离子注入、化学气相沉积、刻蚀等多道工序，每一道工序都追求极限精度和可靠性。以当前最先进的工艺为例，

单个晶体管的栅极长度已突破 10 纳米，相较之下，人类一根头发的直径约为 75000 纳米，由此可见芯片制造技术的极致精密。

❹ 封装和测试，品质控制的最后关卡

完成晶体管的构建后，芯片便进入封装环节。封装工艺既能隔绝湿气、粉尘等环境威胁，好比为芯片穿上保护外衣，也能为芯片提供稳定的电信号传输路径，从而实现高效连接。

封装完毕后，在最后一道工序——测试环节中，工程师会对封装好的芯片进行一系列严格的技术检验。从功能完整性到信号传输效率，再到高温、低压条件下的可靠性验证，每一步都是为了确保芯片能在严苛环境中保持稳定，满足预期性能指标。例如，工程师会在 -55℃ ~150℃、多次通断电的极端条件下，检验芯片的物理强度和稳定性能。而这些测试确保芯片能够适应各种复杂和严苛的应用场景，是其实际进入市场前的最后一道“品质关卡”。

封装与测试不仅是芯片制造过程中的重要一环，也是全球半导体产业链中的核心部分。与晶圆制造相比，封装和测试不仅直接关系到芯片的功能实现和良品率，还在性能优化和成本控制中扮演重要角色。目前，中国在芯片封装与测试领域已占据全球重要地位，而先进封装更有望成为未来提升芯片性能的突破口。

从沙粒到芯片，始于自然，终于精密工艺。每一枚小小的芯片，都凝聚了人类智慧的精华。可以说，芯片不仅是现代信息技术的基石，它的诞生更代表着工业制造的巅峰。然而，人类对芯片性能的追求从未止步，在这背后一直有一条广为人知的“黄金法则”指引，那就是摩尔定律。

❺ 摩尔定律，芯片行业发展的黄金法则

谈到芯片的发展，就不得不提到行业内广为流传的摩尔定律。摩尔定律虽然汉译名为“定律”，但并非自然科学定律，而是 1965 年由英特尔创始人之一的戈登・摩尔提出的经验之谈，其核心内容为：每隔 18~24 个月，同样面积芯片上的晶体管数量会翻倍。换句话说，芯片的性能将以惊人的速度提升，而成本却逐渐下降。这一经验在半个多世纪里，指导并推动了半导体行业的快速发展。

摩尔定律之所以能够持续“灵验”，关键在于制造工艺的不断突破。为了在相同大小的芯片上容纳更多的晶体管，工程师们想尽办法让晶体管的尺寸越来越小。最初的晶体管大小在微米级别，而如今光刻技术可以把晶体管精细到纳米级别。目前前沿的芯片技术已实现 3 纳米制程，尽管“制程”数字并不等同于实际物理尺寸，但工艺已接近物理极限。

尽管摩尔定律指引了芯片性能的持续提升，但科学

规律告诉我们，任何增长都会遭遇极限。随着晶体管尺寸缩小到纳米级别，业内将会面临一系列无法回避的挑战。例如，当晶体管尺寸足够小，量子物理效应（比如量子隧穿现象）会导致电子“擅自穿墙而过”，从而让芯片性能变得不稳定。与此同时，晶体管密度的增加还会带来功耗和散热的问题，芯片能效的进一步提升将变得愈加困难。此外，研发先进制程的成本骤增，也让新技术的推进变得代价高昂。

为了突破极限，科学家和工程师们正积极探索全新的技术路线。其中，3D 堆叠技术为芯片性能提升提供了新的思路——通过将芯片一层层堆叠起来，而不是仅仅在平面上缩小晶体管的尺寸，可以大幅提高性能密度和能效。此外，异构计算也正在成为解决复杂计算任务的主流趋势。

同时，科学家们还将目光投向了更前沿的领域，比如量子计算和类脑神经形态计算。这些技术跳出了传统芯片“微缩”的框架，尝试用全新的方式提升计算性能。虽然目前它们仍处于实验或初步应用阶段，但无疑为未来留下了巨大的想象空间。

朋友们，未来属于你们！点沙成芯的传奇，凝聚了无数科学家和工程师的智慧与创新。也许有一天，你们中的某一位就会设计出颠覆性的芯片，为数字时代续写全新的传奇！

前言

CHIP ERA:

THE UBIQUITOUS CHIPS

试问当今社会，我们的生活能离开芯片吗？答案显然是不能。芯片是我们整个信息社会的基石和“心脏”，又是推动整个信息社会突飞猛进的引擎。如今，芯片产业早已成为全球最重要且最具潜力的产业之一，是支撑国家经济社会发展和保障国家安全的战略性、基础性和先导性产业。环视宇内，世界百年未有之大变局正加速演进，世界之变、时代之变、历史之变正以前所未有的方式展开，在这个风云变幻、谋势而动、乘势而为的时代，作为信息技术的高地和“要塞”，芯片技术及产业的发展意义非凡。

任何一项技术和一个产业的发展壮大，都不是一时之计，也非一隅之求，芯片产业更是如此，其产业链链路长、流程繁复，专业程度高，对人才的综合素养要求非常高。高校作为人才培养的重要基地、科技创新的重要策源地，在推动芯片技术和产业发展方面，必须责无旁贷，发挥重要作用。

作为一所以电子信息、通信技术和计算机科学为特色的高校,重庆邮电大学被誉为“中国数字通信发祥地”,是全国信息产业科技创新先进集体和国家高技术产业化示范工程基地。学校曾先后成功研制出第一套符合国际电联标准的 24 路、30/32 路脉冲编码机和 120 路复接设备及其配套仪表,参与制定了第三代移动通信标准,并设计出世界首颗 TD-SCDMA 基带芯片,制定了我国工业自动化领域首个拥有自主知识产权的 EPA 国际标准,研制出我国安全领域信息隔离与交换关键设备,研发出全球首款支持三大工业无线国际标准的工业物联网核心芯片,提出了不确定性知识的多粒度发现模型与方法,为我国集成电路产业发展贡献了重庆力量。

本书由重庆邮电大学兼具教学科研与科普传播经验的资深教师团队倾力编撰,旨在以深入浅出、通俗易懂的讲述方式,普及芯片知识,传播科学思想与科学方法,弘扬科学精神与科学家精神,并从国家战略角度展现芯片作为“卡脖子”技术在国家经济社会发展和国家安全中的重要地位,通过多视角介绍芯片在现代社会中的广泛应用,多维度阐述芯片产业发展历程,致力于打造一本有价值、有情怀、有趣味的科普读物,以期在读者心中播下爱“芯”的种子、强“芯”的梦想,激励他们为科技强国、民族复兴奋楫前行,踔厉奋发。

目录

CHIP ERA:

THE UBIQUITOUS CHIPS

序 I

前言 I

A 第一章 手机：掌心之间的智能助手

1 智能的“宝盒” 003

① 核心大脑 SoC：我思故我在 005

② 手机存储：我的地盘我做主 006

③ 通信芯片：万水千山变通途 008

④ 传感器芯片：洞察秋毫，感知万物 010

⑤ 功能芯片：世上无难事 010

2 手机的成长经历了什么？ 012

① 手机的前身 012

② 手机“按兵不动”，芯片“悄悄成长” 013

③ “摩尔定律”与第一台移动电话 014

④ 中国移动通信时代的到来 015

⑤ 手机芯片的创新发展 016

B 第二章
计算机：信息时代的核心工具

1 最强大脑的核"芯" **019**

1. 中央处理器：大脑之王 020
2. 图形处理器：图形大师 + 速度达人 022
3. 存储器：记忆装置 023
4. 内存控制器：大脑助手 024
5. 输入输出控制器：小管家 025

2 从巨型机到智能小精灵的演变 **026**

1. 巨型机 ENIAC 的诞生 026
2. 晶体管与集成电路来了 027
3. 微处理器促使计算机大瘦身 028
4. 互联网时代的必需品 029
5. 无处不在的智能小精灵 030

C 第三章
汽车：驾驭未来的动力

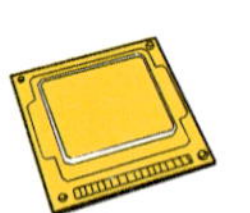

1 车轮上的"芯"科技 **033**

1. 功能芯片：汽车的"大脑"和"神经中枢" 035
2. 功率半导体：汽车的"心脏" 038
3. 传感类芯片：汽车的"敏感神经末梢" 038

2 **从机械到智能的变迁** **040**

1 初级芯片推动机械汽车电子化 040

2 功能日益强大的汽车芯片 041

3 步入智能化与互联化 041

4 迈向全自动驾驶与智慧城市 042

D 第四章

LED：点亮世界的璀璨之光

1 **点亮世界的“芯”光源** **047**

1 LED 照明芯片：节能舒适的保障者 048

2 LED 显示芯片：视觉盛宴的缔造者 050

3 LED 信号指示芯片：设备状态的守护者 053

2 **从白炽灯到 LED 的革命** **054**

1 白炽灯的辉煌与局限 055

2 LED 芯片的诞生 055

3 LED 的崛起与普及 056

4 智能照明时代的到来 057

E 第五章

通信：联通世界的桥梁

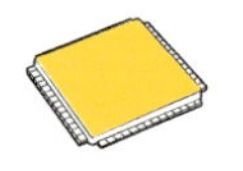

1 连接世界的“芯”力量 061

1. USB 芯片：信息传递的桥梁 062
2. HDMI 芯片：高清音视频的传输能手 064
3. 以太网芯片：高速网络的中流砥柱 064
4. 交换机芯片：网络流量的调度员 065
5. Wi-Fi 芯片：设备接入互联网的桥梁 066
6. 蓝牙芯片：短距离无线通信的信使 066
7. 5G 通信芯片：让万物互联成为可能 068
8. GPS 芯片：全球定位系统的核心 068
9. “北斗”芯片：中国自主研发的导航芯片 069

2 从有线到无线的飞跃 071

1. 电报与电话的发明 072
2. 无线电技术的突破 073
3. 移动通信的崛起 074
4. 互联网时代的通信革命 075
5. 5G 时代的来临 075
6. 未来 6G 的畅想 076

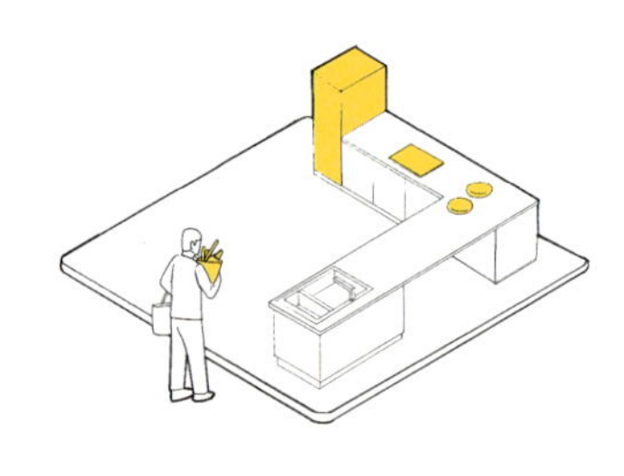

F 第六章

医疗：用“芯”守护身体健康

1 新时代的“智能医生” 079

1. 诊断芯片：医生的“助手” 080
2. 监测芯片：健康的“侦察兵” 081
3. 治疗芯片：生命的“修复师” 083
4. 个性化医疗：私人的“定制师” 084
5. 远程医疗：联网的“隔空医生” 084
6. 智慧医疗：一体化的“综合管家” 085

2 医疗技术的芯片化进程 086

1. 医疗设备的数字化浪潮 087
2. 可穿戴设备与健康管理 087
3. 精准医疗时代的到来 088
4. 生物芯片的未来应用 089

G 第七章

安防：安全进入“芯”时代

1 安全的“芯”保障 094

1. 视频监控芯片：眼观六路 095
2. 图像处理芯片：抽丝剥茧 095
3. 生物识别芯片：识人知面 096

4 入侵检测芯片：防患未然 096

5 加密芯片： 固若金汤 097

2 **智能安防的升级之路** **098**

1 从机械锁到电子锁 099

2 视频监控技术的进化 099

3 生物识别技术的普及 100

4 加密芯片的崛起 102

5 智能安防的未来展望 102

H 第八章

人工智能：像人类一样思考

1 **赋予机器思维的“芯”动力** **107**

1 机器学习加速器：AI 训练的加速器 108

2 深度学习芯片：智能算法的核心 109

3 神经网络处理器：模拟人脑的奇迹 110

4 自然语言处理芯片：理解人类语言的助手 111

5 视觉处理芯片：机器看世界的眼睛 111

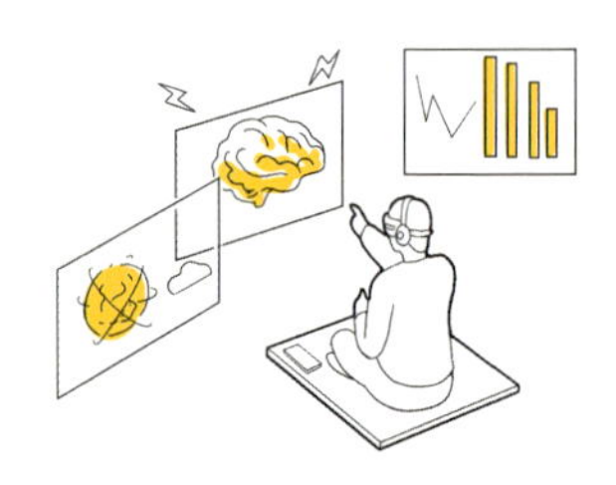

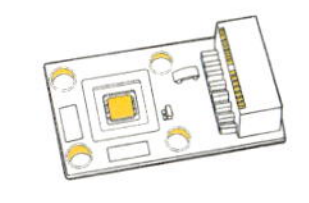

2 AI 芯片的崛起 112

1 AI 的萌芽 113

2 机器学习的突破 114

3 深度学习的兴起 115

4 AI 芯片的迅猛发展 115

第九章

物联网：万物皆可联的“芯”世界

1 万物可联的“芯”技术 119

1 传感器芯片：感知环境的触角 121

2 无线通信芯片：数据传输的桥梁 121

3 低功耗芯片：节能高效的关键 123

4 边缘计算芯片：实时处理的利器 124

5 安全芯片：物联网的安全保障 125

2 大有可为的物联网应用 126

1 物联网概念的提出 127

2 传感技术的进步 127

3 物联网应用的普及 128

4 智能家居的兴起 129

5 未来的无缝互联世界 131

J 第十章

云计算：让计算资源无边界

1 云计算：数字世界的基础底座 135

1 数据中心处理器：云计算的中枢 137

2 存储芯片：数据的仓库 137

3 网络芯片：云端的运输工具 138

2 从本地到云端的迁移 140

1 云计算的起源 140

2 虚拟化技术的发展 141

3 大数据与云计算的结合 142

4 云服务的普及 143

后记 145

第一章

手机：掌心之间的智能助手

CHIP ERA：

THE UBIQUITOUS CHIPS

苦心人，天不负，卧薪尝胆，三千越甲可吞吴。

——蒲松龄《落第自勉联》

你是否曾听过科技巨头华为的“芯片危机”？

2019年5月，华为被美国商务部列入实体清单，遭到严苛的制裁。由于没有自己的芯片制造厂，华为更多依赖于外部供应商，如台积电、三星等。这些供应商使用的设备和材料大多来自美国或受美国控制。这使得华为受制于人，无法获取关键的零部件与专利技术，智能手机生产也因此陷入前所未有的困境……这场“芯片危机”持续多年，直到2023年8月29日，华为带着麒麟9000s芯片“涅槃归来”，当时访华的雷蒙多尚没有返回美国，还在做着阻滞中国创新速度的美梦。中国科技的创新能力正逐渐颠覆美国乃至世界一直以来对中国高端半导体产业的传统认知，也再次向全世界证明了芯片国产化的重要性！

1973 年 4 月，美国摩托罗拉公司工程师马丁 · 库帕发明了世界上第一部民用手机。经过 50 余年的创新和发展，手机的功能越来越丰富多样，从早年只能打电话、发短信的“砖头”，演变为如今集电子书、移动支付、游戏机、照相机、随身听、社交及内容创作等功能于一体，小巧精致的多媒体智能移动终端，给我们的日常生活提供了更加便捷的服务。当然，手机日益强大的功能离不开芯片技术的迅速发展。手机芯片作为手机的核心部件，直接影响着手机的性能。

1 智能的“宝盒”

是什么让以前的“砖头”变成了今天蕴藏无限能量的“宝盒”？

答案是芯片。手机上有负责不同功能的芯片，主要包括处理器芯片、存储芯片、通信芯片（主要包括基带芯片和射频芯片）以及传感器芯片等。

处理器芯片相当于手机的大脑，是用来思考、分析和计算的，包括中央处理器（CPU）和图形处理器（GPU）。CPU 是手机的核心控制部件，主要负责处理各种计算任务，如运行应用程序、处理系统指令等，它决定了手机的整体响应速度和多任务处理能力。GPU 专注于图形处理，主要任务是快速渲染图像和视频，使得手机界面流畅，游戏画面逼真。

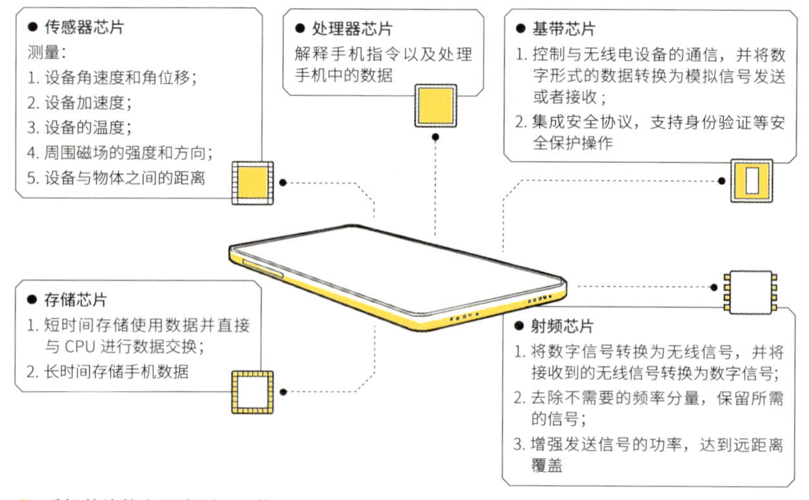

手机芯片的主要类别及功能

科普加油站

▶ CPU和GPU在计算机中的应用

CPU 和 GPU 也是计算机的关键组件。CPU 是计算机的核心组件之一，以通用性为目标，主要依赖串行计算，即按顺序逐步执行指令，擅长处理复杂逻辑和顺序任务，广泛应用于操作系统运行、软件操作、文档处理等日常计算任务，以及需要快速响应和低延迟的场景。

GPU 最初用于加速图形渲染，现已成为强大的并行计算工具。GPU 采用高度并行架构，能同时处理大量简单指令，适合大规模并行计算任务，如图形渲染、视频转码和深度学习模型训练等。然而，GPU 不擅长处理复杂逻辑或强依赖顺序执行的任务。

存储芯片相当于人类的记忆系统，用来储存信息和数据，包括非易失性存储器（如 NAND 闪存）和易失性存储器（如随机存取存储器，即 RAM）。NAND 闪存用于长期存储数据，如应用程序、照片和视频等。RAM 则提供临时存储空间，用于运行应用程序和缓存数据。

通信芯片是手机实现通信功能的关键部件，包括基带芯片和射频芯片。基带芯片相当于无线通信中的语言翻译官，将不同形式的信号进行转换，使得信息能够传送。射频芯片相当于无线通信中的信号邮递员，实现信号的传输和接收。

传感器芯片相当于手机的感官，可以感知和测量生活中的声音、图像、温度、湿度、压力和光信号等，应用于加速度传感器、陀螺仪、光传感器、指纹传感器等。这些传感器芯片可以实现手机的重力感应、方向感应、环境光感应、指纹识别等功能，为用户提供更加便捷和智能的体验。

正是因为这些负责不同功能的芯片分工协作、共同努力，才让原本像砖头一样的手机成为现在这样能够处理各项复杂任务的有机整体。

❶ 核心大脑 SoC：我思故我在

在传统的个人计算机时代，计算机机箱空间充足，各模块（如 CPU、显卡、网卡等）可以独立安装。而到了智能手机时代，各项功能需要压缩至手掌大小的设备中，因此芯片也从单一处理器发展成为系统级芯片（SoC），就是将整个信息处理系统集成在一块芯片上。

SoC 是手机芯片中最重要的概念之一。一般来说，它将 CPU、GPU、内存控制器、网络通信模块以及其他辅助功能模块集成在一块芯片上，因此又被称为手机的“核心处理器”。这种高度集成化设计使得智能手机不仅体积更小、功耗更低，而且性能更强、功能更丰富。我们经常听到的高通骁龙、华为麒麟都属于 SoC。

简言之，对于现在的智能手机来说，其功能实现是由手机上的每一

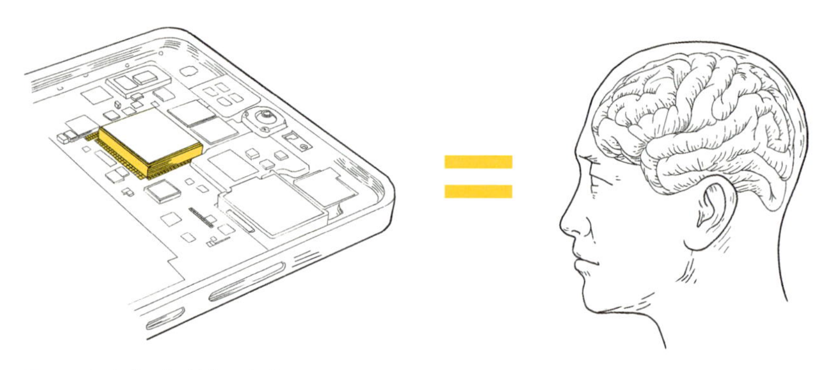

SoC是智能手机的核心大脑

个部件共同组成的，就像木桶一样，缺少一块木板便会带来体验上的缺失。SoC 就是一部智能手机的核心大脑，是手机核心能力的集中体现。

随着人工智能（AI）的快速发展，智能手机对 AI 算力的需求日益增长，手机 SoC 逐渐集成了 AI 相关的功能模块。在当今的智能手机中，智能功能更多地依赖于 AI 技术的深度介入，AI 已经在移动影像、游戏、通信优化、智能运动、健康监测和交互连接等各个领域发挥着关键作用。

❷ 手机存储：我的地盘我做主

说到手机的存储类型，大家经常会把易失性存储器和非易失性存储器弄混。**易失性存储器**包括**随机存取存储器**（RAM），而**非易失性存储器**包括**只读存储器**（ROM）。另外，外部存储器则是我们熟知的硬盘。

举个例子，我们购买手机时，通常会在其配置参数中看到例如这样的描述：8GB+128GB。8GB 一般是指手机运存，即运行内存，它是手机的 RAM，用于临时存储数据并为程序运行提供空间。当我们打开应用、浏览网页或进行其他操作时，相关数据会被加载到运存中，以便 CPU 和其他硬件模块能够快速读取和处理。128GB 一般是指 ROM，是手机的内置长期储存空间，用来存储手机程序、用户数据等。手机下载的应用、文件、歌曲、照片以及系统文件都储存在手机存储内存里。

很多人常常误以为只要运行内存和存储空间越大，手机就越流畅，手机卖场里也常常充斥着类似的说法。实际上，影响手机流畅程度的因素主要是软件优化和硬件配置。就硬件配置来说，也不仅仅是运行内存和存储空间越大，手机就越流畅。手机流畅是从处理器到运行内存再到调度存储内存的一个综合配合完美的结果，中间任何环节的缺陷都会造成卡顿。

以仓储运输打比方

这里我们以仓储运输来打个比方：存储内存ROM相当于仓库，决定了货物（也就是应用和数据）的存储总量；运行内存RAM相当于工人用的手推车，决定了工人一次可以搬运多少货物；处理器就是工人，CPU算力即工人本身的能力，决定了搬运货物的效率。即便存储内存（仓库）和运行内存（手推车）再大，如果CPU（工人能力）有限，搬运货物的速度也不会太快。

通过前面仓库货运的比方，不知大家有没有看出来，CPU 对整体效率的影响才是决定性的，内存和存储空间的影响相对小一些。

那么决定手机流畅程度的主要因素是什么呢？敲黑板，画重点：RAM、ROM 和处理器（CPU 和 GPU）是影响手机流畅程度最关键的三个硬件因素。

❸ 通信芯片：万水千山变通途

手机是基于通信的需求而发明的，通信功能的实现离不开两个芯片，它们是基带芯片和射频芯片。**基带芯片**的主要任务是将手机所发出或接收到的数字信号按照通信协议（是指网络通信中的一种规则和约束,用于规范在网络中的设备之间如何交换信息）进行编码、解码、调制和解调等处理。**射频芯片**的主要任务是进行射频信号的

科普加油站

▶ 基带芯片和射频芯片

基带芯片就像一个翻译官，负责将我们的语音、图片或文字等信息翻译成手机网络能理解的“数字语言”，并按照通信协议的规则进行编码和打包，准备发送出去。接收到信息时，它又会将网络中的“数字语言”解码，还原成我们能听懂的声音或看到的内容。

射频芯片则是一个信号快递员，负责将基带芯片处理好的信息转换成射频信号，通过天线发射出去，同时对信号进行放大，确保它能够顺利到达通信基站。接收信息时，它会捕捉空中的微弱信号，进行放大和过滤后，再交给基带芯片解码处理。

科普加油站

▶ **通芯一号**

重庆邮电大学于 2005 年研制出世界上第一款 0.13 微米工艺的 TD-SCDMA 手机基带芯片“通芯一号”。“通芯一号”支持 TD-MBMS 业务，可以完成 384Kbps TD-MBMS 业务和 1.1Mbps 的 HSDPA 业务；采用了多电源域的低功耗设计方案，能最大限度地降低待机功耗。该芯片的研究与实现入选 2005 年度“中国高等学校十大科技进展”；该系列支撑技术荣获 2007 年度重庆市技术发明一等奖、2008 年度国家技术发明二等奖。

处理，包括频率转换、放大信号、滤波等，以确保信号在无线电波频段内的传输。

以手机通话为例，当用户发起普通电话呼叫时，主叫方手机的麦克风采集到用户的语音信号后，经过数字化处理为数字语音数据。基带芯片将这些数字语音数据按照无线通信协议进行编码、调制，然后将这些数据传输给射频芯片。射频芯片将调制后的信号转换成能够通过无线频道传输的射频信号，经过天线发射出去。而被叫方手机的天线接收到传输来的射频信号，经过射频芯片的处理后，传递给基带芯片解调、解码，最后还原成语音数据，送至手机的扬声器输出。这样，用户就完成了一次通话。

❹ 传感器芯片：洞察秋毫，感知万物

传感器芯片如同智能手机的触角与耳目，广泛应用于手机中的各种传感器，在我们看不见的地方默默地发挥着巨大的作用。

首先，最常见的是**加速度传感器**和**陀螺仪**。加速度传感器负责检测手机的线性运动，而陀螺仪则感知旋转运动。这两个传感器犹如手机的内耳，帮助手机感知方位和速度的变化。

其次是**光线传感器**。我们都有这样的体验：在不同的光照环境下，手机屏幕的亮度会自动调节。这种自动调节带来的视觉舒适感，便得益于光线传感器对周围环境光强度的灵敏感知。

接下来，不得不提的便是**地磁传感器**和**气压传感器**。两者分别帮助手机实现电子罗盘和高度计功能，让手机可以替代传统的指南针和高度计。无论是在户外探险时辨别方向，还是在登山时核对海拔，地磁传感器与气压传感器都为用户提供了不可或缺的导航信息。

除此之外，还有**温度传感器**和**湿度传感器**。它们虽不常直接展现在用户面前，却在后台时刻监控手机的工作环境，不断调整手机的工作状态，避免过热或受潮引发故障。

正是通过传感器芯片，手机在某种程度上被赋予“感知万物”的能力，在我们的生活中发挥着愈发重要的作用。

❺ 功能芯片：世上无难事

除了占据手机大部分空间的 SoC、存储芯片、通信芯片之外，负责各种具体功能的芯片也分布在手机内的各个角落。一般来说，手机还会配备电源管理芯片、屏幕触摸控制器芯片、音频功率放大器

芯片（音频 IC）、近场通信芯片（NFC）、无线充电控制器芯片等功能芯片。

手机电源管理芯片负责对电能进行转换、分配、检测和管理。它可以根据不同的应用需求，提供恒定或可调的输出电压和电流，以及各种保护功能，以确保手机能够高效、稳定地运行。

屏幕触摸控制器芯片是手机触摸屏幕背后的核心部件。当人们在手机屏幕上滑动手指，点击应用图标或进行缩放操作时，触摸控制器会实时感应这些动作，并迅速通过处理器解析这些操作。这些控制器的高灵敏度和精准度使得现代智能手机可以提供卓越的用户体验，让人们更方便、直观地进行操作。

音频功率放大器芯片在用户用手机听音乐、看视频或进行语音通话时会发挥关键作用，它的主要功能是将音频信号放大到耳机扬声器或外放扬声器能够播放的功率水平。高性能的音频 IC 能提供优质的声学体验，使音乐和语音通话更加悦耳动听。

近场通信芯片可以在两个设备之间实现短距离的无线数据交换。它通过无线电波进行数据传输，通常传输距离在几厘米以内，具有安全、快捷的特点。NFC 技术广泛应用于移动支付、门禁系统、身份认证等场景。例如，人们乘坐公交或地铁时，使用手机 NFC 功能代替公交卡进行快速支付，从而实现快捷通行。此外，在门禁系统中，NFC 芯片可以代替传统的门卡，提升便捷性和安全性。

无线充电控制器是实现手机无线充电功能的关键组件。与传统的有线充电方式相比，无线充电无须插拔充电线缆，只需将手机放在无线充电板上即可充电。无线充电控制器负责管理和调节无线充电流程，确保充电的效率和安全性。

2 手机的成长经历了什么？

❶ 手机的前身

起初，无线通信装置和半导体芯片的诞生并没有任何交集。人类对“手机”最早的探索研究是由一个叫内森·斯塔布菲尔德的美国人在肯塔基州默里的乡下住宅内完成的。1902 年，他制成了第一个无线电话装置，为后来手机的发展奠定了基础。而 2 年后，芯片的基础——**半导体材料的整流特性**才被美国科学家约翰·阿姆斯特朗发现。然而，此时的它们尚未结合。

内森·斯塔布菲尔德和第一部无线电话

〔科普加油站〕

▶ 半导体材料的整流特性

半导体材料的整流特性是指半导体材料允许电流单向通过，但在反向条件下几乎不通的电学特性。通俗地说，就是通过半导体的电流方向有选择性，只能在一个方向上顺利流动（正向导通），而在相反方向则不容易导通（反向阻断），就像一个单行道不允许逆行车辆通过。半导体材料的整流特性为现代电子设备提供了基础，通过控制电流的流动方向使得各种电子元件能够高效、稳定地运行。

而几乎在同一时期，1889 年，当时在安徽主管安庆电报业务的彭名保，设计制造了我国第一部有线电话机，取名为“传声器”，通话距离最远可达 170 公里。随后在 1899 年，广州督署，马口、前山、威远等要塞以及广海、宝璧、龙骧、江大、江巩等江防军舰上设立无线电机。广州也由此成为我国最早使用无线电通信的城市。尽管尚未达到无线通话技术的水平，但是当时的中国已然具备远程有线通话和无线发报的技术能力。1906 年，因广东琼州海缆中断，琼州和徐闻两地设立了无线电机，两地间开通了民用无线电通信，这是中国民用无线电通信的开端。

❷ 手机“按兵不动”，芯片“悄悄成长”

20 世纪初，科学家们开始研究固态材料的电子性能，并探索半导体的特性。1947 年，半导体工艺史上的重大突破由贝尔实验室的威廉·肖克利、沃尔特·布拉顿和约翰·巴丁完成，他们成功制造出第一个点接触式晶体管。这一发明开启了电子设备小型化和性能提升的时代，为计算机和通信技术的飞速发展铺平了道路。

威廉·肖克利、沃尔特·布拉顿和约翰·巴丁在实验室

1958 年至 1959 年，两位科学家杰克·基尔比和罗伯特·诺伊斯发明了材料和结构各不相同的集成电路。1958 年 9 月，杰克·基尔比在德州仪器工作期间成功制造了第一个集成电路。这个集成电路

包含 1 个晶体管、3 个电阻器和 1 个电容，通过手工焊接金属线连接。尽管这个早期的集成电路规模较小，但它标志着集成电路时代的开始。凭借这一突破性的成果，杰克·基尔比于 2000 年获得了诺贝尔物理学奖。

杰克·基尔比

仙童半导体公司的罗伯特·诺伊斯的发明比杰克·基尔比晚了半年。他发现了一种更好的方法，也就是将所有组件制作在单晶晶圆中，从而使大规模生产集成电路成为可能。

罗伯特·诺伊斯

同时，在地球的这一边，中华人民共和国成立初期，虽然面临着国际和国内的重重困难，但是凭借着留学归来的爱国学者和举国体制的支持，我国半导体工业在华夏大地上扎根并取得了比肩世界先进水平的成果。1963 年，中国科学院半导体研究所研制出硅平面型晶体管，仅比美国仙童发明平面工艺晚 4 年。紧接着，我国多家研究单位于 1965 年分别研制出集成电路。

❸ “摩尔定律”与第一台移动电话

英特尔公司的联合创始人戈登·摩尔于 1965 年提出了摩尔定律，为半导体工艺制造商和设计师提供了指导原则。这一定律推动了半导体工艺的不断创新，促使工程师不断寻求新的方法来制造更小、更快、更节能的集成电路。技术的不断进步使得电子设备的性能不断提高，成本不断降低，加速了通信和娱乐领域的发展。

戈登·摩尔

而手机方面，1973 年 4 月 3 日，摩托罗拉前高管马丁·库帕打通了史上第一个面向民用领域的移动电话。他用的这部电话重约 1.13 公斤，总共可以通话十分钟，它是世界上第一款商用手机——摩托罗拉 DynaTAC 8000X 的原型。而第一台进入中国市场的手机就是和摩托罗拉 DynaTAC 8000X 造型设计基本一致的摩托罗拉 3200，这款手机在当时有一个有趣的别称——“大哥大”。

在 1978 年末进入改革开放时代之后，我国集成电路产业由自力更生阶段转向技术引进阶段。这个阶段形成的“造不如买，买不如租”的理念在一定程度上加速了我国半导体产业的短期发展，但也使我国半导体行业过于依赖外部技术，从而忽视了自主研发和核心技术的培养，为日后芯片技术“卡脖子”留下了隐患。

❹ 中国移动通信时代的到来

1987 年，摩托罗拉在北京设立办事处，随之而来的移动电话浪潮标志着中国开始进入移动通信时代。1999 年 2 月，第一款全中文手机摩托罗拉 CD928+ 面世，标志着中文在手机系统中开始占有一席之地。

这一时期，手机芯片主要用于基本的通话功能，如信号处理和频率调制。芯片的可靠性和稳定性是这个阶段手机成功的关键。

芯片技术的进步推动了手机从大型模拟设备向小型数字设备转

变。随着手机功能的增加，芯片开始集成更多的功能。芯片的性能和兼容性变得越发重要，因为它们需要处理更复杂的操作和更多的用户数据。2007年，颠覆整个手机市场的产品——iPhone出现了，它以先进的操作系统带来了革命性的体验，之后，手机市场产品都以iPhone为标杆进行改良。

❺ 手机芯片的创新发展

智能手机的兴起使得芯片的作用更加关键。现代的智能手机芯片不仅负责基本的通信功能，还管理多媒体播放、相机、触摸屏、GPS、指纹识别等许多功能。高性能芯片对于提供流畅的用户体验和运行复杂的操作系统至关重要。

从2007年以后，手机操作系统和手机芯片开始协同发展，各大手机厂商开始自研芯片和操作系统，手机也逐渐变成了今天的样子。2018年，美国商务部宣布禁止美国公司向中兴通讯销售零部件、商品、软件和技术七年。次年，美国商务部工业与安全局宣布将华为及其70家附属公司列入贸易黑名单的实体清单，并在其未经特别批准的情况下禁止购买重要的美国技术，并禁止相关设备进入美国电信网络，至此，我国改革开放以来的半导体技术引进路线受到影响。为了突破西方国家的封锁打压，解决芯片“卡脖子”难题，实现芯片产业科技自立自强，我国从“造不如买”转回到“自主创新”的路上。

近年来，我国手机芯片产业取得了显著进展。国内企业如华为海思半导体、紫光展锐、中芯国际等，已经在芯片设计、制造等领域取得了突破，尤其在5G、人工智能等领域形成了较强的竞争力。

第二章

计算机：

信息时代的核心工具

CHIP ERA：

THE
UBIQUITOUS
CHIPS

长风破浪会有时，直挂云帆济沧海。

——李白《行路难》

在对华为的手机制裁失败之后，美国便盯上了华为的个人计算机（PC）业务线。2024年5月7日，拜登政府进一步加大了对华为的出口限制，撤销了高通和英特尔公司向华为出售芯片的许可证，这一轮制裁打压的重点是华为笔记本电脑、平板等PC业务。那么美国这次的如意算盘能打响吗？6月4日，英特尔首席执行官帕特·基辛格对此表达了不满，并警告称，美国的此次举动是在倒逼中国加速自主研发芯片的进程。

事实上，2023年11月28日，我国龙芯中科自主研发、自主可控的新一代通用处理器——龙芯3A6000在北京发布，这是我国国产CPU领域的最新里程碑成果，标志着我国自主研发的CPU在自主可控程度和产品性能方面达到新高度。

在过去的几年里，我国半导体产业发展多次受到外部势力的打压，但这些挑战并未将我们击垮，反而激发了本土企业更强烈的自主创新精神。它们不断加大自主研发芯片的力度，推动核心技术突破，使得国产芯片性能持续提升，在供应链的可持续性、生态完备性上也取得长足进步。

计算机作为信息化社会排名第一的生产工具，自 1946 年诞生以来，其自身的不断革新和发展推动着人类社会迈向新的高度。从生活中的休闲娱乐到工作中的日常办公，计算机无处不在，并发挥着越来越重要的作用。随着人工智能、云计算、物联网发展的风起云涌，计算机作为人类生活和工作中不可或缺的伙伴，将继续为人类带来更多的惊喜和改变。

1 最强大脑的核“芯”

打开电脑，从浏览新闻、学习知识，到与朋友交流、在线购物……这一切都离不开芯片的支持。芯片在我们的计算机中扮演什么角色呢？想象一下，你的大脑对你的身体有多重要，芯片对计算机就有多重要。芯片负责处理计算机中的各种数据和指令，使得我们能顺畅地进行各种操作。可以说芯片是计算机的大脑，没有它，计算机就是一堆静止的金属和塑料。

计算机的芯片家族成员众多，它们分工明确，各司其职，共同编织着计算世界的宏伟蓝图。而这一切的起点，可以追溯到美籍匈牙利裔数学家冯·诺伊曼在 1945 年提出的“冯·诺伊曼架构”，这一划时代的构想奠定了现代计算机的基本框架。它将计算机划分为

科普加油站

▶ 冯·诺伊曼架构

冯·诺伊曼提出了计算机制造的三个基本原则，即采用二进制逻辑、程序存储执行以及计算机由五个部分组成（运算器、控制器、存储器、输入设备、输出设备），这套理论被称为冯·诺伊曼架构。自诞生以来，冯·诺伊曼架构已经影响了整个计算机领域长达 70 多年。无论是单片机、PC、智能手机还是服务器，智能时代之前它们的设计和运行原则主要基于冯·诺伊曼架构。而在如今的设计中，人们对这一经典架构进行了优化和扩展，同时也在探索其他架构来突破硬件性能的局限性。

运算器、控制器、存储器、输入设备及输出设备五大核心部分。其中，“运算器 + 控制器”的联合体，即中央处理器（CPU），被誉为计算机的“大脑之王”，是整个计算体系的核心与灵魂。计算机中的常见芯片除了 CPU，还有图形处理器（GPU）、存储器、内存控制器、输入输出控制器以及一些专用芯片，它们有序工作，紧密协作，不断高效完成复杂的计算任务，使得计算机由冷冰冰的“金属块”变为我们生活和工作中必不可少的好帮手。

❶ 中央处理器：大脑之王

通过第一章的内容，我们对 CPU 已经有了初步的认识，如同 CPU 是手机的大脑一样，它也是计算机的大脑之王，负责执行各种命令，是一台计算机最重要的处理单元，决定了计算机的性能和运行速度。

随着科技的不断发展，CPU 的性能也在不断提高。我们可以通过一些关键参数来判断 CPU 的性能，主要包括主频、核心数与线程数、缓存以及制程工艺等。

主频：CPU 的“心跳”

CPU 的主频通常以 GHz（千兆赫）为单位。我们可以把主频比作心脏的跳动频率。心跳越快，能输送的血液（计算能力）就越多。但是，高主频并不一定意味着高性能，就像人类心跳过快反而可能影响健康。具体还要看其他因素的配合。

比如，一台主频为 3.5GHz 的 CPU，每秒可以进行 35 亿次运算。这听起来非常高效，但如果其他参数跟不上，那么高主频也只是“虚假的繁荣”。

核心数与线程数：CPU 的“多任务处理能力”

如果说主频代表 CPU 的运算速度，那么核心数和线程数则代表 CPU 的多任务处理能力。简单来说，核心就像人体内的肌肉群，线程则像这些肌肉群可以同时完成的任务。

比如，一块四核八线程的 CPU，可以同时处理四个实际的运算任务，每个核心又可以分配给两个线程。相比于单核 CPU，它在处理多任务时显得更加游刃有余。就好比一个人可以同时用四只手来搬东西，效率自然是单手的四倍。

缓存：CPU 的“短期记忆力”

缓存是另一个重要参数，它可以理解为 CPU 的短期记忆力，用来临时存储 CPU 频繁访问的数据和指令，可以极大地缩短数据访问时间，提高处理效率。

打个比方，如果 CPU 是一位企业领导者，那么缓存就像随行助理一样随时整理和准备好领导者需要的资料，让领导者免于在烦琐的细节上浪费时间，而只要翻一翻助理提供的资料包就能迅速找到目标，这样一来，整个任务处理起来就更流畅高效。

缓存分为 L1、L2 和 L3 级别，每一级缓存的容量和速度都不同。L1 缓存速度最快，但容量最小，L3 缓存速度相对较慢，但容量最大。

制程工艺：CPU 的“工艺水平”

制程工艺常用纳米（nm）来表示，它代表了 CPU 内部晶体管的尺寸。更先进的制程工艺能够使 CPU 内部的晶体管更小、更密集，从而提升性能，降低功耗。例如，7 纳米工艺相较于 14 纳米工艺，能在相同面积内集成更多的晶体管，提高计算能力，同时降低能耗。这就好比是一座城市里的商店越多，商品种类越丰富，生活也越便利。

综上所述，评价一块计算机 CPU 性能不仅仅是看主频或者核心数，还需要综合考虑缓存、制程工艺等多个因素。

❷ 图形处理器：图形大师 + 速度达人

在第一章中，我们对 GPU“图形大师”的身份有了一定的了解，这里我们再来认识它的另一重身份——“速度达人”。

GPU 诞生之初是为了处理图形任务，因此在图形渲染和游戏领域有着广泛的应用，尤其是游戏和设计软件，需要依赖高性能的 GPU。随着计算机技术的飞速发展，GPU 已经不再局限于处理图形相关的任务。

GPU 的并行计算能力远远超过 CPU，可以同时处理大量数据并快速进行计算，因此在一些需要高性能计算的应用中，GPU 能够提供更高的性能和效率。

在许多现代系统中，CPU 与 GPU 并不是孤立工作的，而是形成了一种互补的关系。例如，在视频游戏中，CPU 负责执行游戏逻辑，比如角色移动、物理碰撞计算、人工智能行为等，而 GPU 则专画面渲染，将复杂的三维模型转换为屏幕上的二维图像，使得游运行更加流畅，画面更加细腻。

从最初专注于渲染图像和处理图形效果，到如今在人工智能科学计算和加速深度学习等领域大放异彩，GPU 已经成为现代计算的重要组成部分。未来，GPU 还将进入更多新兴的应用领域，例如虚拟现实、区块链和量子计算等，而这些领域对于高性能并行计算的需求也将进一步推动 GPU 技术的发展。

❸ 存储器：记忆装置

存储器是计算机系统中的记忆装置，主要用来存放程序和数据。计算机中的全部信息，包括输入的原始数据、计算机程序、中间运行结果和最终运行结果，都保存在存储器中。目前主要采用的存储器存储介质为半导体器件和磁性材料，半导体存储器即我们常说的存储芯片。

当前，最常用的存储芯片技术有**闪存**（Flash）、**动态随机存取存储器**（DRAM）和**静态随机存取存储器**（SRAM）。

Flash 是一种非易失性存储器，因其读写速度快、功耗低、耐用性强而广泛应用于 USB 闪存驱动器、固态硬盘（SSD）等设备中。

DRAM 是一种常见于计算机主存的易失性存储器，利用电容器存储电荷来表示数据。由于电容器会漏电，因此需要不断“刷新”来保持数据不丢失。相比之下，SRAM 只要通电，无须刷新就能保持数据，由此获得了更快的访问速度和较高的耐用性，但也增加了成本和功耗。因此，SRAM 多用于缓存和其他高速存储应用中。

在第一章中，我们已经了解了存储芯片大致分为两类：随机存取存储器和只读存储器。随机存取存储器是计算机的“短期记忆”，而只读存储器则可以被视为“长期记忆”，详细内容这里不再赘述。

4 内存控制器：大脑助手

内存控制器是管理和协调内存与处理器之间的桥梁。当处理器需要某个数据时，内存控制器负责指引处理器前往存储该数据的内存地址，再将数据传递给处理器使用。

内存控制器的高效工作能显著提高计算机的运行速度。高性能

打个比方，内存控制器就像一个经验丰富的图书管理员。在图书馆里，图书（数据）不断被借进借出，这个图书管理员要做的并不是单纯地发放和收回图书，而是确保每一本书放回正确的位置，还要记住谁借了什么，以便在需要时能迅速找到。

内存控制器就像经验丰富的图书管理员

的内存控制器可以同时处理多个数据请求，并优化数据传输路径，从而减少处理器的等待时间。早期的内存控制器都是独立于 CPU 的，但随着技术的发展，现在大多数处理器都内置了内存控制器，就像把大脑助手安排在大脑里，从而使数据传输更加快捷，性能更加优越。

❺ 输入输出控制器：小管家

输入输出控制器简称 I/O 控制器，是负责管理计算机的输入和输出设备的一个控制组件。它的任务主要有两个：一是处理输入设备（如键盘、鼠标等）发送的数据，二是处理输出设备（如显示器、打印机等）的指令。

简单来说，I/O 控制器就像计算机系统中的一位小管家，负责协调和管理各种外围设备与中央处理器之间的信息交流。正因为 I/O 控制器的存在，计算机系统才能实现高效的信息传递和处理。如果没有这个“小管家”的帮助，CPU 将不得不亲自处理每一个设备的源源不断的数据请求，这将极大地浪费 CPU 的计算资源，也容易导致数据传输的混乱和延时。

除了以上几位核心成员，计算机中还有一些专用芯片，它们是为执行特定任务而设计的。与通用芯片（如 CPU）不同，专用芯片并非为了多种用途而设计，而是针对特定应用场景进行优化。它们以高效性、低能耗和专用性，为我们带来更加便捷、智能的体验。

2 从巨型机到智能小精灵的演变

计算机被称为人类最伟大的科技发明之一。在过去的几十年里，计算机科学经历了令人瞩目的飞速发展，从笨重的巨型机到如今的智能小精灵，计算机技术不断突破自身的限制，极大地改变了而且还在继续改变着人类的生产和生活方式。

❶ 巨型机 ENIAC 的诞生

计算机的历史可以追溯到20世纪40年代，那时的计算机大到无法想象。第一台电子计算机ENIAC诞生于1946年，它体积庞大，质量达30吨，占据了一个房间。ENIAC使用了近18000个真空管、70000个电阻和10000个电容，总功率达150千瓦。尽管如此，它的计算速度已经远远超过了人类，这在当时无疑是一项惊人的成就，ENIAC的出现标志着计算机时代的开端，其后，越来越多的巨型机相继问世。

世界上第一台电子计算机ENIAC

中国第一台小型电子管数字计算机“103机”

科普加油站

▶ 算盘——古代的计算器

在计算机出现以前，中国的算盘就是最早的计算器之一。算盘具备了计算机的基本特点，口诀就类似于软件，输入、输出、计算、存储就靠算珠和算盘的框架。算盘在中国的出现，最早可以追溯到东汉，可以想象在那个年代，有了算盘的中国人，在算力上处于世界领先水平。1584 年（明万历十二年），被誉为“律圣”的明朝郑王世子朱载堉研究出十二平均律的关键数据——“根号 2 开 12 次方”，就是他用自制的 81 档双排大算盘算出来的，十二平均律是音乐学和音乐物理学的一大革命，也是世界科学史上的一大发明。

中国的第一台模拟式电子计算机于 1957 年在哈尔滨工业大学研制成功。紧接着，在苏联帮助下，中科院计算所和北京有线电厂（“738 厂”）合作，于 1958 年成功仿制 M-3 机（后称“103 机”），这是中国第一台小型电子管数字计算机。

❷ 晶体管与集成电路来了

到了 20 世纪 50 年代，晶体管的发明极大地推动了计算机的小型化革命。与真空管相比，晶体管体积更小，能耗更低，效率更高，稳定性更强，这使得计算机的体积和质量迅速减小，性能却不断提升。IBM 公司在 1959 年推出的 IBM 7090，便是最早采用晶体管技术的计算机之一，这一技术进步拉开了计算机从巨型机向小型机过渡的序幕。

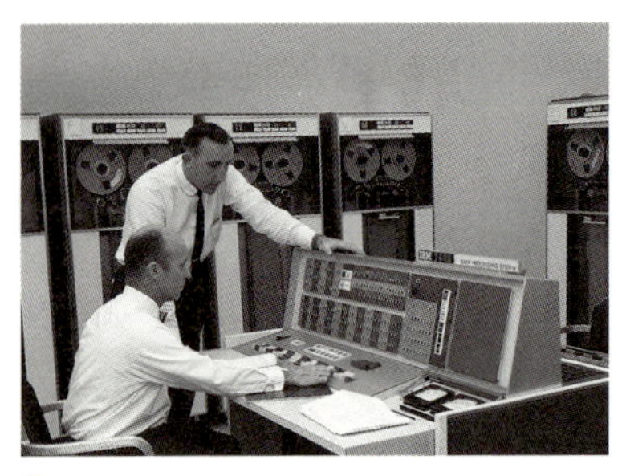

IBM 7090

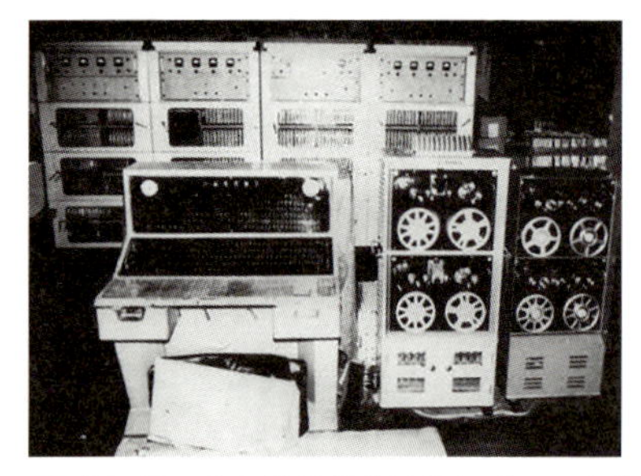

中国第一台晶体管数字计算机“441B机”

20 世纪 60 年代，随着集成电路的诞生，计算机的集成度和性能再一次得到飞跃性提升。1964 年，第一台采用混合集成电路的计算机 IBM System/360 研制成功，这一里程碑式的产品推动了计算机的商业化进程和广泛应用。在那个时代，人们第一次看到了计算机进入普通公司和机构的希望。

中国第一台晶体管计算机——441B 是由哈尔滨军事工程学院（哈军工）在 1965 年研制成功的。它也是我国首次实现工业化生产的计算机。

❸ 微处理器促使计算机大瘦身

1971 年的一项发明彻底改变了整个计算机领域，这就是微处理器的出现。由英特尔公司研发的 4004 型微处理器是世界上第一款商用微处理器，它使计算机的运算单元能够在一个芯片上完成。它的诞生标志着计算机进入微型化时代。

随着微处理器的广泛应用，PC 应运而生。1977 年，苹果公司推出了 Apple Ⅱ，这是一款真正意义上的家用电脑，它体积小巧，价格相对低廉，易于操作，从而迅速俘获了大众的心。这一时期，计算机逐渐从科学研究和企业应用走入寻常百姓家。

1981 年，IBM 发布了自己的第一台个人计算机 IBM PC，搭载英特尔 8088 处理器，伴随着微软的操作系统，迅速占领市场。这一产品不仅奠定了微型计算机的基本结构，也促进了操作系统、应用软件和外围设备市场的迅速发展。此后，PC 市场迅猛发展，各大科技公司竞相推出性能更强、价格更低的产品。电脑芯片技术也在激烈的竞争中不断革新。

❹ 互联网时代的必需品

进入 20 世纪 90 年代，伴随着互联网的普及，计算机的角色发生了根本性的变化，从单纯的计算工具变为网络世界中的重要节点。计算机技术和网络技术的迅速发展离不开一系列关键芯片的支持。这些芯片不仅提高了计算机的性能和功能，还降低了成本，使得 PC 和互联网的使用更加普及，推动了信息时代的到来。

英特尔推出的 Pentium 处理器大大提高了计算机的处理能力，使得多媒体应用和复杂计算成为可能。而作为英特尔的竞争对手，AMD 推出了 K6 系列处理器，提供了性价比更高的选择，推动了 PC 的普及。以太网卡的普及使得计算机能够连接到局域网和互联网。芯片制造商如 Rockwell 提供的调制解调器芯片支持了数据的转换和传输。随着硬盘容量和速度的提升，存储控制芯片（如 SCSI 和 IDE 控制器）帮助提高了数据读写速度，支持了更大规模的数据存储和访问。

20 世纪 90 年代，计算机技术和网络技术相互促进，推动了互联网的迅速发展，使得计算机越来越成为人们日常生活中的必需品。

❺ 无处不在的智能小精灵

进入 21 世纪，单核处理器的性能提升逐渐遇到瓶颈。为了进一步挖掘芯片的潜力，芯片制造商开始开发多核处理器，通过在同一芯片上集成多个运算核心，来提升整体计算性能。2005 年，英特尔和 AMD 相继推出了各自的首款双核处理器，随后，四核、六核甚至更多核的处理器陆续问世。这一时期，中国的芯片产业也进入了快速崛起期，芯片设计和制造水平显著提升。

与此同时，移动互联网的兴起进一步推动了计算机的普及和发展。平板电脑等新型设备的出现，使得计算机从传统的桌面设备变成了随时随地可携带的智能工具。如今，不只是家庭和办公室，人们在地铁、公交车、咖啡馆里，甚至在旅行途中，都可以随时上网处理工作，享受娱乐。

特别是近年来，以人工智能（AI）为代表的新技术正为计算机世界注入新的活力，专用的 AI 芯片如雨后春笋般涌现。从语音助手到智能家居，再到无人驾驶汽车，这些都是计算机技术在不同应用场景下的延伸，计算机技术正在成为各领域芯片的底层支撑。

从巨型机到智能小精灵，计算机的演变不仅仅是科技发展的历程，更是人类不断追求智慧和创造的壮丽篇章。未来，我们将看到更为智能、更为高效、更为人性化的计算机设备，它们将进一步改变我们的生活、工作和思维方式。

第三章

汽车：驾驭未来的动力

CHIP ERA：

THE UBIQUITOUS CHIPS

一往无前，万难不屈，偏向悬崖攀绝峰。

——毛泽东《沁园春·再访十三陵》

中华人民共和国成立初期，百废待举。面对一穷二白的家底，以及国际上的重重封锁，勤劳勇敢的中国人民迎难而上，开展了如火如荼的大规模工业建设，中国的汽车工业在筚路蓝缕中艰难起步。历经70余年风雨砥砺，中国已建成了全球规模最大、品类最齐全以及配套最完整的汽车工业体系，用70余年时间走完了国外200年的工业化道路，如今正昂首阔步从汽车大国向汽车强国迈进。

在汽车电动化、网联化和智能化的大势引领下，芯片在汽车中的重要性日益提升，自动驾驶芯片也成为汽车行业新的价值增长点，全球主要的半导体巨头均已入局自动驾驶和智能汽车。

截至目前，中国已有近300家公司开发汽车芯片产品，聚焦在智能座舱、智能驾驶、智能网联等领域。在智能驾驶领域，国产汽车芯片已初见崛起之势，并凭借本土优势和技术研发，在中国市场份额上超越了曾经的巨头英伟达。

汽车，这个看似普通的交通工具，却在过去的两个世纪中，彻底改变了人类社会的发展轨迹。它的出现和发展，不仅极大地提高了人们的出行效率，改变了人们的生活方式、生活观念和生活质量，还推动了相关产业链的发展，对世界产生了深远的影响。

现如今，汽车已不再是单纯的代步工具，你只需要动动嘴，它就可以自动为你优化路线，可以帮你接打电话，可以帮你提前打开家里的空调，可以随时随地为你播放一场高清电影，甚至可以感知你的情绪——当你心情不佳时，它会贴心地提醒你要不要听点轻音乐……是的，汽车已经演变成了人们身边移动的、智能的、多功能的生活助手。诸多功能得以实现，汽车芯片功不可没。

1 车轮上的“芯”科技

在智能汽车时代，得车“芯”者得天下。随着新一轮科技革命和产业变革的兴起，电动化、网联化、智能化已成为汽车产业的主要趋势和发展潮流，而芯片是支撑汽车“三化”升级的关键。芯片已经广泛应用在汽车的动力控制、车身控制、安全系统、娱乐通信、自动驾驶等方面，小到胎压监测，大到自动驾驶，都离不开各式各样的芯片。

都说汽车是芯片消耗大户，那么一辆汽车究竟需要多少芯片？传统非智能汽车的芯片数量为500~600个，随着自动驾驶等功能的拓展，汽车的芯片数量可达1000~1200个，而智能水平更高的汽车需要的芯片数量更多。

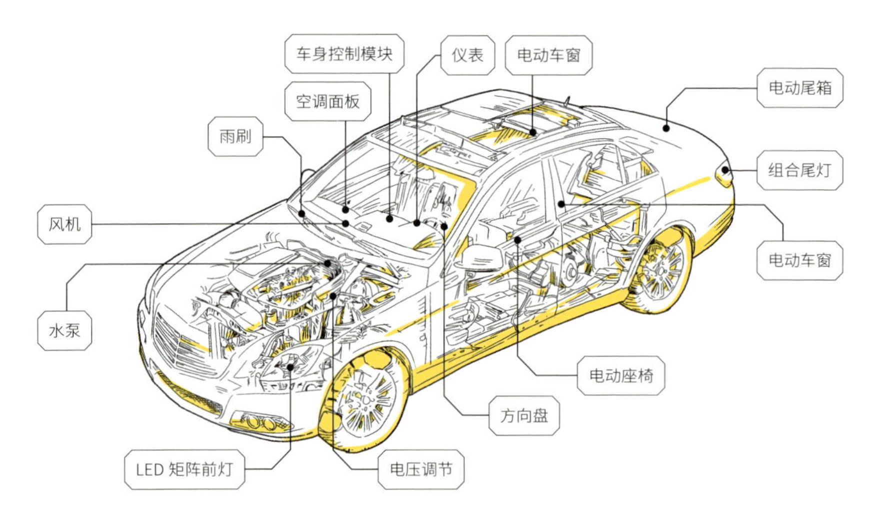

汽车中部分芯片的应用

科普加油站

▶ 传统汽车、新能源汽车与智能汽车的关系

传统汽车主要以内燃机为动力源，通过燃烧化石燃料（如汽油或柴油）产生热能，并转化为机械能驱动车辆行驶。**新能源汽车**则采用新型动力系统，目前主要依靠电能驱动，包括纯电动汽车、插电式混合动力汽车和燃料电池汽车等。**智能汽车**是在传统汽车或新能源汽车的基础上，集成先进的信息技术、传感器技术、人工智能技术和网络技术等，来实现车辆的智能化控制和管理，从而提升驾驶安全性、效率和用户体验。由此可知，传统汽车和新能源汽车的划分依据是动力系统（内燃机或新型动力系统），而智能汽车的划分依据是是否具备智能化功能，可以看作传统汽车或新能源汽车的升级版。

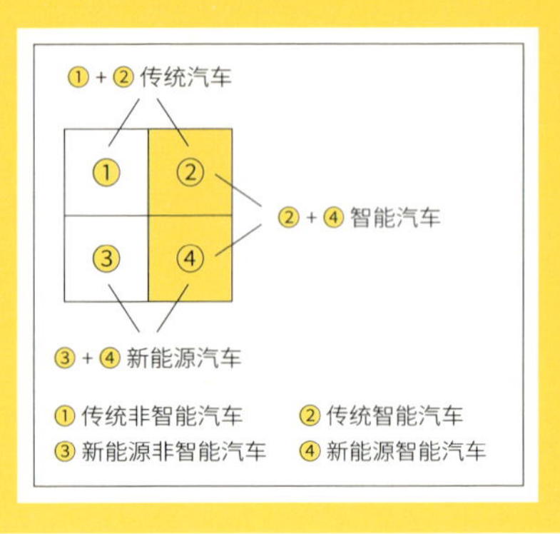

由于汽车是载人行驶的工具，并且需要应对各种恶劣的工作环境，因此汽车芯片的可靠性和环境适应性要求比一般的消费级芯片，如智能手机、平板电脑、笔记本电脑等高很多。

按照功能划分，汽车芯片可以分为三类：第一类是负责计算和指令的**功能芯片**，比如用于自动驾驶感知和融合的 AI 芯片，以及用于发动机 / 底盘 / 车身控制等方面的传统 MCU（微控制单元）；第二类是**功率半导体芯片**，如 IGBT（绝缘栅双极型晶体管）等功率器件，负责整车能源管理和车辆动作控制；第三类是**传感类芯片**，是各种类型的微型传感器（如雷达、摄像头等）所使用的芯片，用于驾驶环境和车辆状态（包括车身姿态、胎压）监测，以及安全气囊等功能。

❶ 功能芯片：汽车的“大脑”和“神经中枢”

功能芯片犹如汽车的大脑和神经中枢，用于控制车辆的各种功能和系统。它们通过接收传感器采集的数据，根据预先设定的算法和逻辑计算出最优的控制参数，并通过执行器控制各个部件的工作状态，从而确保车辆正常运行和安全驾驶。

现阶段，汽车市场上的功能芯片主要分为两类：一类是以控制指令运算为主，算力较弱的功能芯片 MCU；另一类是以智能运算为主，算力更强，负责自动驾驶功能的系统级芯片 SoC。

MCU：控制指令运算的基础芯片

传统非智能汽车的控制芯片主要为 MCU，它在一颗芯片上集成了计算核心、存储核心和对外接口等，就像一台完整的小型计算机，可以在不同场景下完成不同的控制功能。小到刮水器、车窗升降、电动座椅调节，大到仪表盘显示、车身稳定、驾驶辅助等功能的实现，

科普加油站

▶ **重庆邮电大学研制的汽车车身控制模块**

这款控制器主要用于防抱死制动系统（ABS）的控制，采用 4S/4M 模式（即 4 个轮速传感器与 4 个独立制动调节模块），能实时检测相关部件（如传感器、电磁阀、电源等）的工作状态，并进行故障诊断；采用前轮修正低选和后轮独立控制的控制策略，确保汽车紧急刹车时既能快速停下，又能保持稳定。该产品获得了 2009 年国家“核高基”重大专项“汽车电子控制器嵌入式软件平台研制与应用”项目支持。

▶ **重庆邮电大学自主研发的电动车空调控制器**

重庆邮电大学自主研发的电动车空调控制器，用于电动汽车车载空调系统，能实现对空调系统智能化控制，实现在多地域、多温度条件下的自动控制功能。该空调控制器已经在某款电动车上进行性能验证测试。

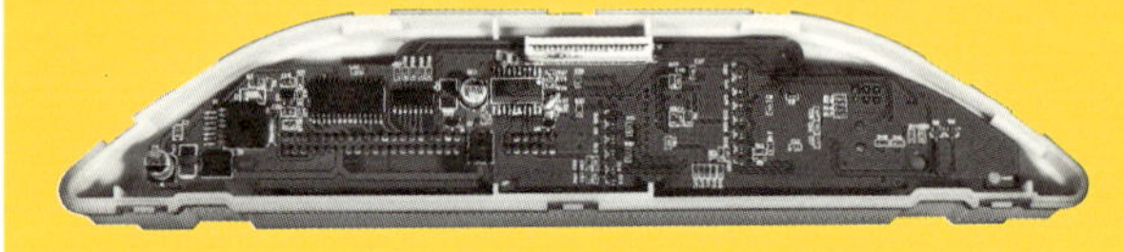

都可以看到 MCU 的身影。一辆传统非智能汽车通常包含 70 个以上的 MCU 芯片。相较于传统非智能汽车，新能源智能汽车对整车芯片的需求量增加了一倍，并且对高端智能芯片的需求也有所增加。

SoC：智能运算的大算力芯片

通过第一章内容，我们了解到 SoC 是智能手机的核心大脑。如今，SoC 的应用范围已经不再局限于移动设备领域，汽车也逐渐成为其重要应用领域之一。汽车 SoC 本质上也是功能芯片，它是随着智能汽车发展而产生的一种高算力芯片，可实现大量数据的并行计算和复杂的逻辑功能。智能汽车中的自动驾驶和智能座舱是 SoC 芯片的两大应用方向。

自动驾驶芯片是芯片中的珠穆朗玛峰，代表了最高的技术挑战，既要满足高安全等级，又需要更高的算力支持，和智能手机、超级计算机一样，都需要在短时间内处理大量输入的数据并给出相应反馈结果。在汽车上，它可以对驾驶行为提出建议或直接进行修正，确保驾驶人和其他道路行人的安全。

智能座舱芯片相比于自动驾驶芯片对安全的要求相对较低，未来车内“一芯多屏”技术的发展将依赖于智能座舱 SoC，同时座舱的功能将进一步丰富，成为一个集工作学习、休息放松、家庭娱乐于一体的第三空间。

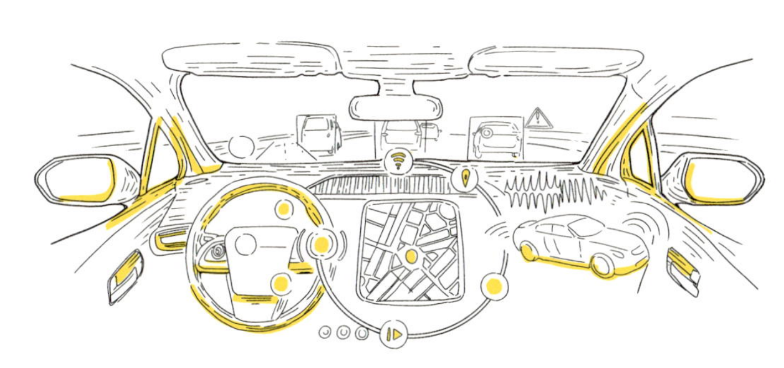

自动驾驶

简单来说，自动驾驶芯片就像是一个总指挥，它负责处理汽车周围的传感器收集到的信息，然后指挥汽车的各个部分进行相应的操作。首先，自动驾驶芯片会连接多种传感器，如毫米波雷达、激光雷达、摄像头等，这些传感器可以感知车辆周围的环境。接下来，芯片会对这些信息进行处理，比如分析路面情况、检测前方的车辆和行人、识别交通标志等。然后，芯片会根据这些信息，通过预设的算法和程序，计算出最佳的行驶路线和操作策略。比如，当它检测到前方有障碍物时，会立即指挥刹车系统减速或者停车；当它发现前方没有车辆时，则可能会加速。

❷ 功率半导体：汽车的“心脏”

功率半导体犹如汽车的心脏，负责能源的供给。它们是电子装置电能转换与电路控制的核心，用于控制电压和电流，主要用途包括变频、整流、变压、功率放大、功率控制等，多运用于动力控制、照明、燃油喷射、底盘安全等系统中。

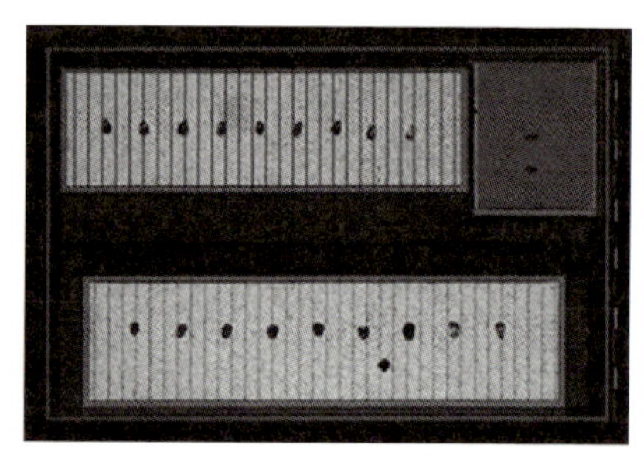

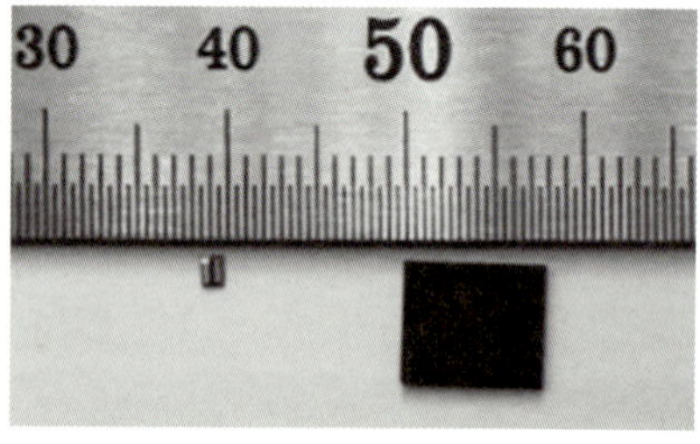

重庆邮电大学研制的650伏特、5安培的第三代半导体氮化镓功率芯片

新能源汽车新增的半导体大部分是功率半导体。在传统非智能汽车中，功率半导体主要应用在启动与发电、安全等领域。而在新能源汽车中，电池替代燃油成为汽车的动力来源，电动机和电控系统取代了传统机械结构的动力系统，在将电池化学能转化为汽车动能的过程中，需要用到功率半导体，这就使得新能源汽车中功率半导体的用量大幅提升。

❸ 传感类芯片：汽车的“敏感神经末梢”

传感类芯片好比汽车的敏感神经末梢，它们遍布汽车全身各处，负责车身状态和外界环境的感知和采集。汽车传感器的工作原理是通过把非电信号转换成电信号的方式向汽车计算机提供包括车速、温度、发动机运转等各种信息，使汽车实现自动检测和电子控制。因此，传感类芯片是自动检测系统和自动控制系统中不可缺少的元件。

目前，车用传感器已在汽车功能，如稳定性控制、安全性控制和电子油门控制等技术领域有广泛的应用。一般传统非智能汽车装配有几十到近百个传感器，新能源智能汽车更是有几百乃至上千个传感器。而且随着汽车制造业的发展，一辆普通轿车安装的传感器数量和种类都将越来越繁多。这些形形色色的传感器坚守于汽车的各个

车用传感场景

以激光雷达和摄像头为例，激光雷达是自动驾驶汽车的眼睛，它通过发射激光束并接收反射信号，生成高精度的三维环境图像。激光雷达能够精确测量周围物体的距离和形状，从而帮助车辆规划路径，避开障碍物，并在复杂道路环境中导航。摄像头是自动驾驶传感器套件中的重要组成部分，它可以捕捉高分辨率的图像和视频，识别交通标志、车道线、行人和其他车辆。通过图像处理技术，摄像头还可以分析路况信息，辅助车辆实现智能决策和操作。

关键部位，承担起汽车自身检测和诊断的重要责任，将汽车的即时温度、压力、速度及湿度等信息传达到汽车的神经中枢，即中央控制系统中，从而将汽车故障提前预警。

2 从机械到智能的变迁

世界上第一辆汽车在1885年由德国人卡尔·本茨发明后，人类社会的面貌焕然一新。随着科技的不断进步，从最初简单的电子控制单元到如今复杂的无人驾驶技术，整个汽车行业发生了巨大的技术变革。在这一过程中，汽车芯片扮演了至关重要的角色。

❶ 初级芯片推动机械汽车电子化

最初的汽车芯片要追溯到20世纪60年代末至70年代初，当时电子技术开始渗透到汽车设计中，早期的应用主要集中在发动机控制系统上，典型的例子是燃油喷射系统。以前，发动机的燃油喷射是由机械装

卡尔·本茨发明的第一辆汽车

置控制的，而 MCU 的出现使得燃油喷射变得更加精准，有效地提升了燃油效率和发动机性能。

这一阶段的汽车芯片技术相对简单，主要负责一些基本的数据采集和控制功能。例如，最早的 MCU 会监测发动机的各种参数，如温度、压力等，并通过电信号对喷油器进行控制。这些芯片使用的集成电路技术虽然较为初级，却开创了汽车电子化的先河。

❷ 功能日益强大的汽车芯片

进入 20 世纪 80 年代和 90 年代，随着半导体技术的迅猛发展，汽车芯片的功能开始变得越来越强大。更多的电子系统被引入汽车中，汽车芯片开始应用于动力及制动系统，如电子点火系统、防抱死刹车系统和车身稳定控制系统等。这些系统的实现都依赖于更加复杂的 MCU 技术。

这一阶段汽车芯片的集成度和计算能力显著提高。例如，防抱死刹车系统通过传感器实时监测车轮的转速，并通过复杂的算法对刹车力度进行调整，从而防止汽车在紧急制动时车轮锁死，不仅提升了车辆的稳定性和安全性，还显著改善了驾驶体验。

同一时期，车载网络技术的引入也极大地促进了各个电子控制单元之间的通信与协作，使得整个车辆系统更加智能和高效。

❸ 步入智能化与互联化

21 世纪初，随着信息技术的不断进步，汽车芯片不仅要处理车辆内部的各项控制任务，还要与外部网络、智能设备进行联网通信。

智能化和互联化成为汽车发展的两大主题，而汽车芯片也由此进入了一个全新的发展阶段。

在这个阶段，车辆除了传统的行驶、制动和转向等基本功能外，还具备了智能导航、车联网、高级辅助驾驶等多种高级功能。这些功能的实现都依赖于高性能的汽车芯片。特别是自动驾驶技术的出现，更是对汽车芯片提出了前所未有的高要求。

例如，自动驾驶系统需要实时处理来自各类传感器（如毫米波雷达、激光雷达和摄像头）的大量数据，同时进行复杂的环境感知和决策。这就需要芯片拥有极高的处理速度和计算能力。同时，为了确保行驶安全，汽车芯片还需具备强大的容错和冗余设计。

随着我国经济的快速发展和政府对科技创新的重视，我国的汽车芯片产业开始加速发展。2000 年后，一些国内芯片企业开始涉足汽车领域，进行自主研发。尽管起步艰难，但这一阶段的探索为后续发展奠定了基础。与此同时，政府也开始加大对汽车芯片研发的支持力度，通过政策引导和资金投入，鼓励企业进行技术创新。

2010 年以后，伴随着全球汽车产业向电动化和智能化转型，中国汽车芯片产业进入了快速发展阶段。尤其是在“国产替代”和“自主创新”双重驱动下，一批有实力的企业脱颖而出。例如，华为、中兴、比亚迪等企业不仅在整车制造领域表现出色，还在芯片设计和制造方面取得了突破。这一时期，中国汽车芯片逐渐摆脱了依赖进口的局面，并开始在部分高端领域实现国产替代。

❹ 迈向全自动驾驶与智慧城市

目前，汽车芯片正逐步向全自动驾驶和智慧城市迈进。在这个过程中，人工智能和大数据技术的深度融合将进一步推动汽车芯片的创新与进步。

未来的汽车芯片将不再是单纯的控制单元，而会成为一个智能化、集成化和网络化的大脑。例如，通过人工智能技术，车辆可以实现自我学习和自我适应，从而更好地处理复杂的驾驶环境；通过5G网络，车辆可以实现与其他车辆、基础设施和云端的无缝连接，提升交通效率和安全性。

从初创阶段的简单电子控制，到如今的智能化与互联化，汽车芯片每一次技术的革新，在不断提升车辆性能、舒适度和安全性的同时，也推动着整个汽车工业向更高层次迈进。

第四章

LED：点亮世界的璀璨之光

CHIP ERA：

THE UBIQUITOUS CHIPS

星星之火，可以燎原。

——毛泽东

你见过重庆的夜景吗？夜幕降临，华灯初上，万家灯火层见叠出，七彩霓虹璀璨夺目，车船流光穿梭于茫茫灯海之中，更有两江波澄银树，浪卷金花，满天繁星似人间灯火，遍地华灯若天河群星，上下浑然一体，构成一幅美轮美奂的山城夜景图。

重庆美丽的夜景一方面得益于其山水相间、倚山筑城、错落有致的独特城市风貌，另一方面也离不开高新技术的加持，其中最关键的就是发光二极管（LED）技术。LED是芯片应用的一个重要领域，它广泛应用于照明、显示屏和信号指示等。

我国LED芯片从20世纪末开始起步，从最初的星星之火到现在的燎原之势，陆续突破了制约产业转型升级的关键技术，快速提升了产业核心技术研发与创新能力，形成了完整的产业链和较强的国际市场竞争力，目前全球大部分LED芯片供应商都在中国。

为了让“中国芯”照亮全世界，中国还在步履不停地奔跑在“追光”的路上。

人类发展历史上的一个重大里程碑就是克服黑暗——火把照亮了人类文明的夜空，爱迪生的白炽灯引领电气时代来临，日光灯推动科技时代前行，LED 照明则拉开了绿色照明时代的序幕。

LED 技术作为照明领域的颠覆性创新成果，其核心在于 LED 芯片的不断发展。这一微小而强大的芯片正引领着照明行业向更高效、更节能、更智能的方向迈进。

1 点亮世界的“芯”光源

LED 芯片是一种能够将电能转化为可见光的固态半导体器件。半导体中有两种载流子（指可以自由移动的带有电荷的物质微粒）：带负电荷的电子和带正电荷的空穴。当电流通过 LED 时，电子与空穴结合释放能量，这种能量以可见光的形式发射出来。

可以把这种过程看作水流过水轮机而发出光亮。当电流通过时，就好比水流推动水轮；电子和空穴结合并释放能量，就像水轮机所产生的能量发出光芒。由于整个过程都是在固态材料中完成的，不需要像传统光源那样加热材料到一定的温度来产生光，减少了能量损耗，因此LED具有较高的发光效率，同时无易损部件，大大延长了使用寿命。

现如今，LED 已经成为现代照明和电子领域的主力军，因为它们不仅具有高效能、长寿命和低能耗等优点，还能够发出多种不同颜色的

科普加油站

▶ **为什么LED能够发出不同颜色的光？**

LED 的颜色取决于半导体材料的种类和掺杂程度。不同的半导体材料能够发出特定波长的光，从而产生不同的颜色。改变掺杂物的类型和浓度可以调节半导体的电子能级结构，从而影响光的发射波长。例如，红色 LED 通常采用砷化铝镓（AlGaAs）或磷砷化镓（GaAsP）等材料，绿色 LED 使用氮化镓（GaN）材料，蓝色 LED 则使用铟镓氮化物（InGaN）材料，白色 LED 通常是通过在蓝色 LED 上添加荧光粉层实现的（蓝色 LED 激发荧光粉发射黄色光，组合后产生白色光）。除了半导体材料的选择，LED 的发光颜色还可以通过掺杂不同的杂质或通过不同的结构设计来实现。此外，改变 LED 的结构和层次布局也可以影响光的发射特性。

光。这使得 LED 广泛应用于照明、显示屏和信号指示等领域。

从应用场景的角度，LED 芯片主要分为三大类型：LED 照明芯片、LED 显示芯片和 LED 信号指示芯片。**LED 照明芯片**广泛应用于室内外照明设备；**LED 显示芯片**用于显示屏、广告牌等场景；**LED 信号指示芯片**则常见于电子设备的状态指示灯等领域。这三类芯片覆盖了 LED 技术的主要应用方向。

❶ LED 照明芯片：节能舒适的保障者

LED 芯片在照明领域的应用最为广泛。凭借着高效、节能、寿命长以及色彩丰富等优点，LED 灯已迅速成为照明行业的主流选择。

从能耗角度来看，LED 灯是一位无可争议的节能专家。同等亮度下，LED 灯消耗的电量仅为传统白炽灯的 10% 左右，大大降低了电力消耗。这为家庭和企业用户节省了不菲的电费开支，更为减少温室气体排放与环境保护贡献了力量。

LED 灯的使用寿命也是传统灯具无法比拟的。普通白炽灯的使用寿命一般在 1000 小时左右，而 LED 灯可以达到 5 万小时甚至更长的寿命。这意味着在灯具的更换和维护成本上，LED 灯具有不可忽视的优势。由于这一特性，LED 被广泛应用于桥梁、隧道、街道、建筑物外墙等需要频繁使用且灯具难以更换的场合。

LED 照明芯片不仅能提供多种颜色和色温的选择，还能通过智能控制系统调节光线的亮度和色彩，营造出不同的氛围。目前，智

LED照明芯片有着丰富的应用场景

能照明逐渐成为家居照明的新趋势，用户可以通过手机应用程序或语音助手实现对 LED 灯光颜色、亮度的精确调控。无论是营造温馨的家庭氛围还是激发工作场所的高效氛围，LED 照明芯片都能游刃有余。例如，在商场内，LED 照明被用来动态调整各专柜的光线，以吸引顾客眼球，提升购物体验。在庭院照明领域，LED 庭院灯设计简约，光线柔和，不仅在夜幕降临后为庭院增添了一份安全感，还为花园风景增添了一抹靓丽之色。加之太阳能 LED 灯的普及，用户无须在意电力供应问题，即使在偏远户外场所也能轻松自如地使用。

在医疗和健康领域，LED 照明芯片也正发挥着日益重要的作用。有研究表明，不同波长的 LED 光源对人的生理和心理健康有不同的积极影响，例如，某些 LED 蓝光可以有效帮助治疗季节性情感障碍。再者，医院和康养机构常用 LED 的冷光源以避免传统照明产生的热辐射，从而创造更为舒适的环境。

LED 照明芯片技术在不断进步，从最初的低光效到如今的高光效，再到可调光、可调色温、智能化控制，LED 照明产品不断推陈出新，满足着各行各业的需求。

❷ LED 显示芯片：视觉盛宴的缔造者

在我们的日常生活中，LED 显示屏已经成为一种常见的科技产品。无论是在电视机上，还是在商场、地铁站，LED 显示屏都扮演着不可或缺的角色。LED 显示屏凭借着高亮度、长寿命、色彩丰富、视角广等特点，被广泛应用于广告、媒体、舞台、商业展示等领域。

LED 显示屏是将许多发光二极管以点阵方式排列起来，构成发光点阵，进而构成 LED 屏幕。LED 显示芯片通过处理和转换电子信

科普加油站

▶ 发光点阵

发光点阵是一种电子显示技术，它通过一系列小型的发光单元（通常为LED）组成网格结构，每一个单元通过电流的通断来控制其发光与否，从而显示文字、图形或动画。发光点阵的优势不仅在于其高效节能和长寿命，还在于其巨大的灵活性。由于每个发光单元可以独立控制，设计者能够轻松地改变显示的内容和效果。这种特性在户外广告、交通指示以及信息公告板等领域，实现了动态展示效果，拥有极佳的视觉冲击力。

号，使得屏幕能够以高分辨率、高刷新率和高对比度展示丰富的色彩和清晰的图像。因此，可以说 LED 显示芯片是视觉盛宴的缔造者。在这个高科技产品背后，LED 显示芯片作为核心技术，起到了至关重要的作用。LED 显示芯片决定了显示屏的亮度、色彩和稳定性。

LED 芯片使得显示屏以高亮度、低能耗和长寿命等特点迅速占领市场。尤其在户外广告牌领域，LED 显示屏迅速替代了传统的霓虹灯广告。例如，重庆的洪崖洞周围的广告牌就采用了先进的 LED 显示屏技术，不仅在每天任何时间段都能提供清晰的视觉效果，还因为其节能的特性而受到市政部门的青睐。

LED 显示芯片的技术进步也推动了小间距 LED 显示屏的普及。这种显示屏特别适用于需要高分辨率和精细图像质量的场所，例如控制室、会议厅和高端商场。一些国际知名品牌已在其旗舰店内安装了小间距 LED 屏，以此来播放高清晰度的品牌视频和产品广告，以吸引顾客。

地铁站LED显示屏

以地铁站显示屏为例。当我们在地铁站等待列车时，LED显示屏不断更新的信息为我们提供了便利。从列车时刻表到安全提示，再到广告展示，这些信息的高清发布都依赖于LED显示芯片的强大处理能力。芯片通过快速处理输入的数据，并将其转换成相应的电信号，控制LED像素精准发光，从而实现信息的及时更新和显示。

此外，在舞台演出和体育赛事领域，LED 显示芯片的应用更是不可或缺。大型演唱会和体育场馆纷纷采用高品质 LED 显示屏，使得观众即使在远处也能清晰地观看到每一个细节。

在 LED 显示屏中，除了显示芯片外，驱动芯片也起着至关重要的作用。显示芯片负责“信号处理与指令生成”,驱动芯片则负责“指令执行与灯珠驱动”，两者协同工作，确保显示屏能够实现高亮度、高刷新率和高灰度等级的显示效果。

❸ LED 信号指示芯片：设备状态的守护者

LED 芯片在信号指示领域的应用也非常广泛，几乎遍及我们生活和工作的各个方面。LED 信号指示芯片通过简单而有效的光信号，实时传递设备和系统的状态信息，确保用户能够快速识别、响应各种操作条件和警示信号。它们在日常生活和工业应用中，默默地守护着设备的正常运行。

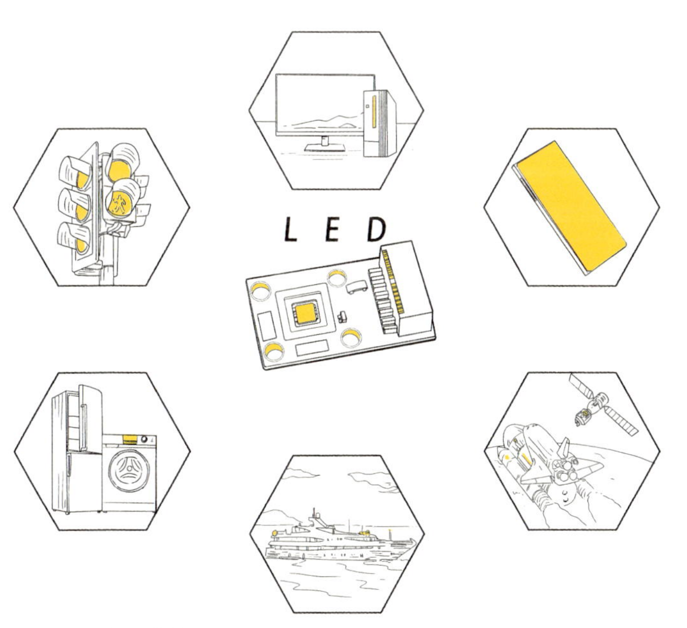

LED在信号指示领域的应用

以交通信号灯为例，这可能是我们对LED信号指示芯片应用最熟悉的场景之一。传统的白炽灯或荧光灯虽然明亮，但耗能大，寿命短。相比之下，LED不但在能耗上大幅降低，而且在各种天气条件下，依旧保持优质的性能。其快速响应特性确保了交通信号灯能够精确地按照设定的时间进行切换，保证交通的流畅和安全。

在交通信号系统中，LED 以其强可视性和耐候性被用于交通信号灯、道路标志灯及停车场指示灯等。在这些场合中，LED 的高亮度和长寿命大大降低了维护成本，同时保障了车辆和行人的安全。

在电子设备中，如电脑、手机、家用电器等，LED 常作为状态指示灯使用。例如，当你打开电脑时，会注意到电源按钮旁的 LED 灯亮起，提示设备正在运行。同样，打印机、洗衣机等设备也经常使用 LED 灯来指示工作状态或者警示出现故障。

LED信号指示芯片还广泛应用于航空航天和航海领域的信号灯中。飞机和船只上的警示灯，尤其在夜间和恶劣天气条件下，依靠 LED 灯发出的强光，提高了工作人员的操作安全性和设备的识别能力。

LED 信号指示芯片在这些已知领域取得了长足进展。随着科技的持续发展，LED 芯片将在信号指示领域释放出更大的潜能。

“众里寻他千百度”，芯片却“隐藏在深处”。在绚烂的灯光里，小小的芯片隐藏在每一颗 LED 灯珠之中，默默地发挥着无可替代的作用。

2 从白炽灯到 LED 的革命

照明技术的演变不仅反映了科技的进步，也体现了人类对环境保护和节能的更高追求。从白炽灯到 LED，照明技术的每一次突破都带来了深远的社会影响。

❶ 白炽灯的辉煌与局限

白炽灯可以说是照明史上的一个里程碑。自爱迪生在 1879 年研制出白炽灯以来，它就以其简单便捷的应用方式，迅速走进了千家万户。白炽灯工作的基本原理是电流通过灯丝，使其因电阻而发热并发出光芒，这种方式简单直观，也曾经被认为是最合适的照明方式。

然而，白炽灯有着不可忽视的局限性。首先，白炽灯的能效非常低，大约只有 5% 的电能被转化为光，其余 95% 都以热能的形式损失掉。因此，白炽灯会消耗大量的能源，这在能源日益紧张的今天显示出其缺陷。其次，白炽灯的寿命相对较短，灯丝容易在高温中断裂，因此需要频繁更换，这也增加了消费者的使用成本。

❷ LED 芯片的诞生

1907 年，碳化硅晶体上的“电致发光”现象被英国物理学家亨利·朗德发现。这一现象发生在电流通过物质或物质处于强电场下发光的时候，一般认为是在强电场作用下，电子持续能量增大到成为过热电子，过热电子通过碰撞使晶格离化形成电子、空穴对，当这些被离化的电子、空穴对复合或被激发的发光中心回到基态时就发出光来。

亨利·朗德

1927 年，苏联发明家奥列格·罗塞夫发明了第一个 LED 灯泡，但是由于发光亮度不够，LED 没有被人们列入照明工具选项。直到 1955 年，在美国无线电公司工作的鲁宾·布朗斯坦发现砷化镓半导体

奥列格·罗塞夫

发射红外线。六年之后，美国人毕亚德和皮特曼发现，砷化镓在加上电流时会发射红外光。1962 年 8 月 8 日，美国通用电气公司的员工尼克·何伦亚克成功制造出了第一盏红光 LED 灯泡。尼克·何伦亚克被誉为“LED 之父”，他确立了 LED 芯片的发展方向，即如何让 LED 在合适的电流下发出各类可见光。

尼克·何伦亚克

尽管如此，早期的 LED 仍旧存在亮度低、效率低等问题，且制造成本高昂，这使得其应用范围受到极大限制。此时的 LED 更多被用于指示灯而非主流照明。

❸ LED 的崛起与普及

随着材料科学的进步，不同颜色的 LED 逐渐被开发出来，其中蓝光 LED 的发明尤为关键。

20 世纪 60 年代末，日本科学家赤崎勇开始了一项看似不可能完成的任务：用氮化镓材料制造出蓝色 LED 灯。赤崎勇和他的学生天野浩孜孜不倦地在这条科学探索之路上走了近三十年，其间取得诸多突破。到了 1986 年，他们终于成功地制造出了高质量的氮化镓晶体，并于 1992 年首次制成了能够发出蓝光的二极管。

与此同时，在日亚化工工作的中村修二也在进行着自己的探索。他采用不同的方法，成功制造出了低阻的 P 型氮化镓，并且研发出了一种铟镓氮（InGaN）薄膜。这种薄膜可以通过调整铟的含量，发出从绿光到紫外光范围的各种波长的光。1993 年，中村修二用这种技术制造出了非常明亮的蓝色 LED 灯。

这些科学家的努力彻底改变了照明技术。2014 年，因为在蓝色 LED 灯研究上的杰出贡献，赤崎勇、天野浩和中村修二共同获得了诺贝尔物理学奖。中村修二更是被誉为“蓝光 LED 之父”。

蓝光 LED 的成功研制，为获得白光 LED 创造了条件。结合红、绿、蓝三种基色，或者使用蓝光 LED 与荧光粉相结合，能够产生高质量的白光。这不仅使 LED 照明具备了挑战传统白炽灯的能力，也让 LED 成为市场的主导者。凭借着寿命长、能效高、热损耗低和环保等优点，LED 已经在全球范围内被广泛应用于家庭、商业、工业和公共照明。

在这一过程中，LED 芯片的制造技术和工艺不断改进，亮度与效率不断提高。通过引入外延生长技术、晶圆级封装技术等，LED 芯片不仅在性能上有了飞跃提升，制造成本也大幅下降。这使得 LED 照明在价格上逐渐对标传统照明手段，进一步推动了其普及。

在全球 LED 发展大潮中，中国 LED 芯片产业发展迅猛，历经数十载的艰苦发展，从技术引进到自主创新，屡次在 LED 芯片的关键技术上取得突破,成功实现了从“跟随者”到“引领者”的角色转变。创新不止步，未来仍可期，中国 LED 芯片将在全球科技舞台上继续绽放出更加璀璨的光芒。

❹ 智能照明时代的到来

随着物联网及智能技术的快速发展，LED 照明跨入了智慧时代。智能照明不再局限于简单的开关控制，而是通过传感器、互联网等技术实现与环境和用户的互动。例如，智能灯光可以根据自然光线的变化自动调节亮度及色温，在提高能效的同时也带来了更加舒适的照明体验。人们还可以通过手机应用程序或语音助手对灯光进行远程控制，满足用户个性化的需求。

此外，智能照明还在推动城市智能化建设和节能环保方面发挥着重要作用。从智能家居到智慧城市，LED 照明结合传感技术和大数据分析，能够有效降低能源消耗，提升生活质量和工作效率。

如今，LED 芯片技术仍然在不断推陈出新。例如，Micro LED 技术的出现，有望在显示领域彻底革新现有的 OLED（有机发光二极管）和传统 LED 方案。而紫外 LED 和远红外 LED 技术的发展，则为医疗消毒、植物生长等领域提供了新的解决方案。在可预见的将来，LED 芯片技术必然会迸发出更为耀眼的光芒。

由此可见，LED 芯片的演进不仅是技术的积累与突破，更是人类探索光世界、照亮未来的不懈追求。在这段旅程中，众多科学家和企业不仅仅将荧荧微光转化为炫目光彩，更将激情和智慧化为人类低碳环保、可持续发展的动力源泉。

第五章

通信：

联通世界的桥梁

CHIP ERA：

THE UBIQUITOUS CHIPS

问渠那得清如许？为有源头活水来。

——朱熹《观书有感》

从烽火台到基站，从信鸽到电子邮件，从光缆到卫星通信……这是人类在千年通信史中由有线、实物通信到无线、隔空通信的巨大飞跃。

通信技术的发展经历了从模拟到数字，从语音到数据，从单一到多样，从低速到高速，从2G到5G乃至6G技术的演变过程，其实就是通信类芯片不断更新和升级的过程。在无线通信蓬勃发展和技术升级的关键时刻，中国的通信人胸怀家国使命，从“拿来主义”逐渐转变为“人有我优”，攻坚克难，勇立潮头，势必在未来的无线通信史上留下浓墨重彩的一笔。

通信是人类社会最基本、最重要的活动之一。从远古时代开始，人们的信息互通就以各种形式存在着，小到手势、对话，大到快马、驿站、烽火台，都是我们所说的通信。随着社会生产力的不断变革、发展，人类通信的技术与方式也发生了翻天覆地的变化，从古老的烽火狼烟到现代的高科技网络，在这一历史进程中，芯片作为通信技术发展的核心引擎，扮演了至关重要的角色。

1 连接世界的“芯”力量

通信芯片是指用于通信设备中的核心集成电路，它们扮演着实现信号发送、接收、处理和转换的关键角色。这些芯片广泛应用于各种通信设备和系统中，包括但不限于手机、基站、路由器、交换机、卫星通信设备以及物联网设备等。

按照通信方式的不同，通信芯片可以分为**有线通信芯片**和**无线通信芯片**。

有线通信芯片是指通过物理传输介质（如光缆、电缆等）进行数据传输的芯片，具有高速度、高可靠性和低延迟的传输特点，主要应用于需要大容量、高速度和低延迟的数据传输场景。有线通信芯片主要有 USB 芯片、HDMI 芯片、以太网芯片和交换机芯片。

基于有线通信技术的思路框架，无线技术发展出了不同的信号收发方式，除此以外，大部分功能模块的设计仍然是相同的。无线通信芯片是指利用电磁波在空气中无线传输数据进行通信的芯片。由于无须物理连接，这类芯片具备极大的灵活性和便利性，使得电子设备的移动性和互联性更为强大。无线通信芯片主要有蓝牙芯片、Wi-Fi 芯片、5G 通信芯片、GPS 芯片和北斗芯片等。

❶ USB 芯片：信息传递的桥梁

通用串行总线，也就是我们所说的 USB，是日常生活中最常见的数据传输设备之一，无论是连接电脑和手机，还是给设备充电，USB 接口无处不在。它的设计目标是提供一种简单、通用的连接方式，让各种设备之间能够轻松共享数据。USB 芯片是 USB 设备的核心部分，主要包括 USB 控制器和 USB PHY（物理层接口）两部分。USB 控制器负责管理 USB 协议和数据传输，USB PHY 则负责处理 USB 信号的物理层传输。

可以通过一个比喻来理解它们的关系：如果把 USB 芯片比作一个高效的物流系统，那么 USB 控制器就是负责处理订单和调度货物的总指挥，而 USB PHY 则是负责实际运输货物的卡车司机。

想象一下，当你用优盘把文件从一台电脑复制到另一台电脑时，USB 控制器会根据文件的大小、传输速度、设备之间的兼容性等因素，制定出一条高效的“运输路线”。同时，它还要确保数据在传输过程中不会出错。更有趣的是，USB 控制器还具备多任务处理的能力。比如，当你用电脑的 USB 接口为手机充电时，也在用同一台电脑的 USB 接口传输文件，USB 控制器就会智能地分配资源，确保充电和数据传输同时进行而互不干扰。

科普加油站

▶ **数字多媒体广播DMB USB接收机**

以 2008 年北京实施数字奥运为契机，重庆邮电大学自主研发优盘式数字多媒体广播接收器 DMB 电视棒，通过 USB 接口连接到电脑或其他设备进行数据传输和接收广播信号，音质好，图像稳定，可以在 200km/h 高速移动条件下接收。该电视棒以低价格、低功耗、高性能的优势打开市场，并应用于北京奥运，给人们带来了一种全新的高质量的数字体验。

USB PHY 的任务是将 USB 控制器生成的数字信号转化为可以通过电缆传输的物理信号，或者反过来将接收到的物理信号转化为数字信号，按照 USB 控制器的指令，将数据从一个设备运送到另一个设备。USB PHY 的工作看似简单，但实际上非常重要。它需要处理高速数据传输中的各种挑战，比如信号衰减、电磁干扰等问题。

随着技术的进步，USB 芯片也变得越来越智能。例如，USB-C 接口的普及让我们使用时不用再区分正反面，而 USB 芯片的“快充”功能则大大缩短了手机等设备的充电时间。这些进步都离不开 USB 控制器和 USB PHY 的持续优化。

❷ HDMI 芯片：高清音视频的传输能手

HDMI 指高清晰度多媒体接口，是一种符合高清时代标准的数字化视频 / 音频接口技术,可以同时传输高质量的音频信号和视频信号，所以 HDMI 芯片主要用于数字音视频信号的传输，广泛应用于电视、显示器、投影仪等多媒体设备中。HDMI 芯片主要包括 HDMI 发射器和 HDMI 接收器两部分，用于数据的发送和接收。

例如，在家庭影院环境中，HDMI 芯片确保了蓝光播放器与电视或投影仪之间能够无缝传输超高清图像和环绕立体声。在会议室中，HDMI 接口允许与会者轻松将自己的笔记本电脑或其他设备的屏幕内容展示到大型显示屏上，为商务演示提供了便利。

❸ 以太网芯片：高速网络的中流砥柱

以太网芯片专用于支持以太网通信协议（网络通信中的一种规则和约束），是现代有线网络的核心组件。这类芯片被广泛应用于家庭和企业的局域网建设。

以太网以其高带宽、低延迟的特点，常常用于构建高速、稳定的网络环境。一家大型企业通常会选择以太网作为其内部通信的主要方式。办公室中的计算机通过以太网连接到中央服务器，使得数据可以在员工之间快速、稳定地传递。在家庭环境中，以太网仍是建设家庭局域网的首选，特别是在高清视频流的传输等需要处理大规模数据传输的时候。

科普加油站

▶ 以太网、以太网协议

简单来讲，以太网就像是一条数字高速公路。在这条高速公路上，信息就像是各种车辆，以不同的速度和形态行驶。以太网的作用，就是为这些车辆提供平稳、快速的通行路径，让它们能够顺畅地从一个地方到达另一个地方。

但要想让所有车辆能够安全、高效地行驶，仅仅有道路是不够的。不同的交通规则和信号系统对于维护交通秩序至关重要。在这里，以太网协议就相当于交通规则。协议规定了数据怎样打包成信息“车辆”，如何在网络这一“高速公路”上行驶，以及遇到堵车或事故时应该如何处理。

❹ 交换机芯片：网络流量的调度员

交换机芯片用于管理网络设备间的通信流量，确保数据包在多个设备之间快速、无误地传输。通过智能化的数据包转发和优先级设置，交换机芯片让复杂的网络环境井然有序。

通俗地讲，我们可以把交换机芯片想象成一个聪明的导航系统，它知道哪条道路最畅通，可以避免交通拥堵，确保信息在最短时间内抵达目的地。

交换机芯片和以太网芯片的主要区别在于它们的设计目的和应用场景不同。以太网芯片主要用于处理网络中的数据传输，包括物理层和数据链路层的功能。这类芯片通常用于网络接口卡（网卡）和接入层交换机中，其主要功能是实现数据的发送、接收、错误检测等。交换机芯片则更专注于实现数据包的交换功能。它不仅包括以太网芯片的功能，还涉及更高层次的逻辑处理，比如路由、交换表查找、流量管理等。交换机芯片通常用于中高端交换机中，能够对多个端口的数据进行高效交换，支持更为复杂的功能。

在现代化的数据中心，交换机芯片被广泛应用于构建高效稳定的网络体系。在企业网络中，它能确保各部门的网络资源使用高效而不会彼此干扰。在家用环境中，智能路由器中搭载的交换机芯片不仅提升了家庭网络的稳定性，还能根据不同设备的需求优化带宽分配。

❺ Wi-Fi 芯片：设备接入互联网的桥梁

介绍完几种有线通信芯片，下面来看几种常见的无线通信芯片吧。其中我们最熟悉的就是 Wi-Fi 芯片了。在现代社会中，Wi Fi 几乎是我们生活中不可或缺的一部分。无论是在家中、办公室，还是在咖啡馆、机场，Wi-Fi 都无处不在。经过 20 余年的发展，Wi-Fi 目前已成为无线终端接入互联网的主要方式之一，具备速度快、成本低、组网便捷等特点，适用于短距离无线通信场景（如室内的办公、娱乐等）。这无形的网络连接背后的核心技术之一便是 Wi-Fi 芯片。Wi-Fi 芯片是设备接入互联网的桥梁，负责在设备与互联网之间架起畅通的连接。

❻ 蓝牙芯片：短距离无线通信的信使

相信大家现在对蓝牙耳熟能详了，而且很多人都在使用蓝牙耳机。蓝牙技术为设备之间的短距离通信提供了便捷的解决方案。

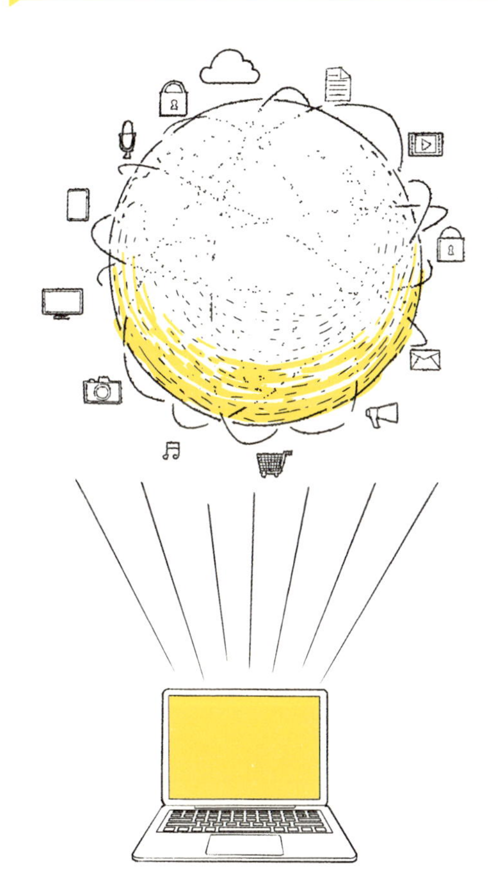

想象一下，我们的电子设备和互联网之间有一条宽广的河流，Wi-Fi芯片正是架在设备与互联网之间的那座桥梁，使得信息可以在两者之间迅速而高效地传递。没有这个桥梁，信息流动将会变得缓慢甚至无法实现。

Wi-Fi芯片是设备接入互联网的桥梁

蓝牙芯片使用的射频技术可以实现低功耗的连接，使得各种设备能够互相无线通信。蓝牙技术常见于耳机、智能手表、智能家居设备、健康监测设备中，其低功耗特性使其在物联网设备中得到广泛应用。

❼ 5G 通信芯片：让万物互联成为可能

随着科技的快速发展，手机通信技术也在不断演进，从 1G 的“大哥大”，2G 实现全球漫游，3G 能够同时传送声音及数据信息（世界上第一颗采用 0.13 微米工艺的 TD-SCDMA 手机基带芯片“通芯一号”，由重庆邮电大学控股的重庆重邮信科股份有限公司研发成功），到 4G 让移动互联网成为生活必需品。而如今的 5G 凭借高速率、低时延等特征，正让网络全面融入日常生活，让万物互联成为可能。

除了在移动通信中的应用，5G 通信技术还在工业自动化、智慧城市和智慧交通等领域拓展了新的可能性。在工业自动化方面，5G 的高速传输和低时延特性使得远程控制和实时监测变得更加容易，为工业智能制造和自动化生产提供了技术保障。在智慧城市领域，5G 技术为各种设备和传感器提供更高效的连接和数据传输，支持智慧城市基础设施的实时监控和智能化管理。同时，智慧交通领域也能借助 5G 技术实现更高效、更智能的交通系统，为自动驾驶技术和交通管理带来新的机遇。

❽ GPS 芯片：全球定位系统的核心

全球定位系统（GPS）是由美国研发的卫星导航系统，用于确定地球上任何位置的准确三维坐标，它是现役世界四大卫星导航系统之一（另外三个是中国的“北斗”、俄罗斯的格洛纳斯和欧洲的伽利略系统）。GPS 技术基于一组由地球轨道上的卫星组成的卫星网络，通过无线电信号与接收器进行通信。GPS 芯片是用于实现 GPS 功能的集成电路芯片，主要负责接收和处理来自 GPS 卫星的信号，计算出设备的精确位置。它主要应用在导航设备、智能手机、车载系统、物流追踪和地理信息系统之中。

为了获得精确的定位，GPS 芯片通常需要接收至少四颗卫星的信号，这就好比通过几位见证者的口供还原一个事件的真相，而不能单单依赖于某一名“目击者”。每颗卫星都在一个固定的轨道上运行，将信息源源不断地传回地面。GPS 芯片通过分析这些信息，利用三角测量法计算出事物在地球上的精确三维位置（经度、纬度和海拔）。

❾ “北斗”芯片：中国自主研发的导航芯片

着眼于国家安全和经济社会发展需要，我国自主建设、独立运行了一套全球卫星导航系统——北斗卫星导航系统（以下简称“北斗系统”），这个系统可以为全球用户提供全天候、全天时、高精度的定位、导航和授时服务。向中国提供服务的北斗一号系统始建于 1994 年，于 2000 年年底建成。向亚太地区提供服务的北斗二号系统和向全球提供服务的北斗三号系统，分别于 2012 年年底和 2020 年建成。

北斗系统采用三种轨道卫星组成的混合星座，与 GPS 相比，北斗系统具有更多高轨卫星，因此也具有更强的抗遮挡能力。在低纬度地区，北斗系统的性能优势更为明显。同时，北斗系统还可以提供多个频点的导航信号，能够通过多频信号组合使用等方式提高服务精度。最关键的是，北斗系统将导航与通信能力融合，不单提供基本导航服务，还可以具备多种服务能力，比如短报文通信、星基增强、国际搜救、精密单点定位等。

科普加油站

▶ 中国为什么要建立北斗卫星导航系统？

当前世界上，美国、俄罗斯、欧盟、中国都建立了自己的卫星导航系统。在 1994 年，中国在财政十分拮据的情况下，依然坚定地自主开建北斗卫星导航系统，其中有两个重要的历史事件。

首先，1991 年的海湾战争让世人看到了全球卫星导航系统的巨大威力。当年的海湾战争开创了以空中打击力量决胜的战斗模式先例，其中最亮眼的精确制导武器，就是 GPS 提供关键技术支持，从而使得战争出现“降维打击”的场面，直接催发了新的军事战争革命。这一仗更让世界认识到，卫星导航系统与国家安全息息相关，建设一个自主可控的全球卫星导航系统至关重要。

其次，“银河号”事件迫使中国研发和部署自主卫星导航系统。1993 年 7 月 23 日，中国“银河号”货轮行驶到印度洋上，GPS 突然没有了信号，船只无法继续航行。后来得知，原来是美国制裁伊朗实施禁运，关停了这个海域的 GPS 信号而导致的“银河号”失联。“银河号”的遭遇传回国内，孙家栋院士与国防科工委副主任沈荣骏联名“上书”，建议启动我们自己的卫星导航系统工程。1994 年 12 月，北斗卫星导航试验系统工程获得国家批准。

对于北斗导航终端来说，最关键的是射频芯片和基带芯片。在北斗导航终端，射频芯片负责接收天上的北斗导航卫星发射的波形信号，并将其放大变成数字信号，而基带芯片的作用就是读出位置以及时间信息。目前，国内市场已经发布能够支持北斗全球信号的 22 纳米工艺射频基带一体化导航定位芯片，且已实现规模化应用，正向体积更小、功耗更低、精度更高的方向发展。

“地上”的北斗终端芯片已逐步实现全面自主研发，“天上”的北斗卫星芯片同样也实现了 100% 自主可控。直至 2017 年 11 月，首次发射的北斗三号卫星已经实现了 100% 全国产。例如，中国航天科技集团公司九院 772 所自主研发的“宇航 CPU”是卫星最核心的元器件。

龙芯也是北斗卫星芯片的主力军，在 2015 年的北斗双星之上就搭载了龙芯 1E 和龙芯 1F，它们负责进行常规运算、数据采集、开关控制、通信等处理功能。北斗三号总设计师林宝军曾这样评价龙芯的实力：“原来我们用的是欧洲 sc80c32 芯片，为了满足上述功能，需要用好多块芯片合起来。国产的龙芯，一片是它运算能力的十倍。另外，在天上工作时，sc80c32 芯片大概一周会出现一次计算错误，但龙芯累计寿命已经 30 年了，出错率是零。基本上可以说，一块龙芯的能力相当于十块欧洲芯片。所以说，国产不等于不好，国产不等于不可靠。”

2 从有线到无线的飞跃

通信技术的发展历程，也是通信芯片不断更新和升级的过程。这是一场技术变革的飞跃，更是一场将世界紧密连接在一起的科技旅程。

一直以来，通信行业追求“更高、更快、更强”，即更高的速度和更好的体验。从 2G 技术到 6G 技术的演进，我们可以用交通工具

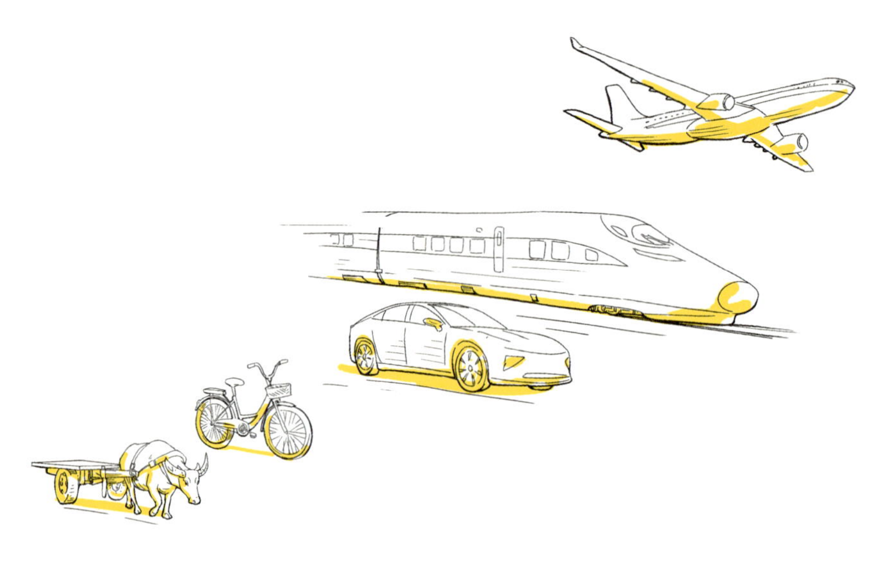

从2G技术到6G技术的演进

来打个比方：2G 是牛车，3G 是自行车，4G 是汽车，5G 是高铁，6G 是飞机。

❶ 电报与电话的发明

19 世纪中期，第二次工业革命的浪潮席卷全球，人类通信方式也发生了一场翻天覆地的变革。1837 年，美国发明家塞缪尔·摩尔斯发明了电报机，并设计了一套独特的"摩尔斯电码"，使得信息可以通过电流传递。电报的出现标志着现代通信技术的开端，让人们能够快速传递消息，打破了时间和空间的限制。

随后，电话的发明使通信变得更为直观和便捷。1876 年，亚历山大·贝尔发明了电话，成为第一个获得电话专利的人。贝尔的电话机通过电流的变化模拟声音，实现了实时通话。这一发明不仅改变了人们的沟通方式，更奠定了通信芯片发展的基础——通过电信号的传输将声音传递出去。

虽然电报和电话这两个技术仍然依赖于电线，但它们的诞生为未来无线通信技术的出现播下了火种。人类开始意识到信息传递的潜力，并希望做到更快、更远、更便捷。

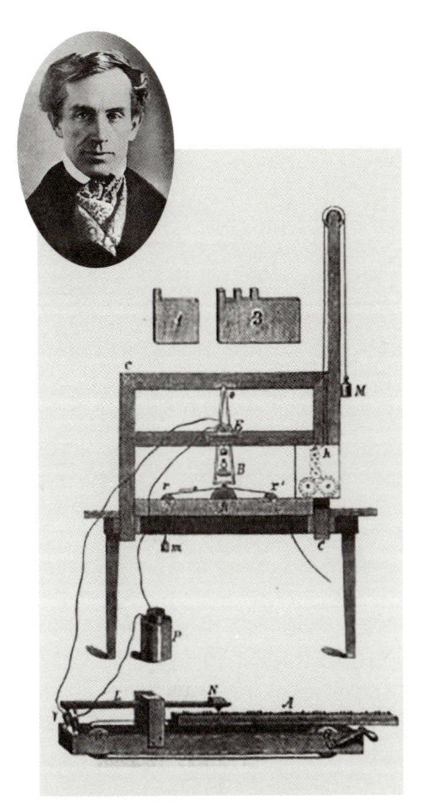

塞缪尔·摩尔斯发明了电报机

❷ 无线电技术的突破

随着电报和电话的普及，科学家们开始探索无线通信的可能性。1901 年，意大利发明家古列尔莫·马可尼成功进行了跨大西洋的无线电信号传输实验，开启了无线通信的新时代。

古列尔莫·马可尼和他的无线电设备

20 世纪初，随着二极管和真空三极管的发明，全球进入了电子时代，通信技术得到了迅速发展。这一时期，广播和电视技术相继问世，信息传播方式更加多样化。到 60 年代后期，彩色电视机开始在一些国家逐渐普及。

无线电技术的突破不仅带来了便携性，还为之后的无线通信铺平了道路。随着电磁波技术的成熟，无线通信从一种奢侈品逐步变成全球通信网络的重要基础。

❸ 移动通信的崛起

进入 20 世纪 80 年代，移动通信技术开始崭露头角。1986 年，第一代移动通信技术在美国诞生，虽然只能传输语音信号，但它为人们带来了前所未有的便利。随着技术的不断进步，20 世纪 90 年代第二代移动通信（2G）技术问世，标志人类通信从模拟信号走向了数字化。在这一阶段，通信芯片迅速升级，小型化的芯片让手机尺寸变得更小，更加便携，全球移动通信系统（GSM）让人们可以进行跨国通话。同时，短信服务也开始走入人们的生活。

进入 21 世纪，第三代（3G）和第四代（4G）技术则使移动通信再度飞跃。3G 的主要特色是支持视频通话和移动互联网，用户可以在手机上访问网页。而 4G 的到来，不仅提升了速率，还支持高清视频传输，使得通信、商务、金融、文化娱乐等各个方面在移动互联网上的业务应用和创新日益丰富，4G 成为现代生活中不可或缺的基础设施。

这一阶段，通信芯片从性能到规模都有了史无前例的优化。芯片的功耗控制更好，体积更小，但能力更强。一部智能手机，内部可能搭载了几十种芯片，共同支持通话、导航、无线网络等功能。移动通信的崛起，真正让世界“动”了起来。

❹ 互联网时代的通信革命

如果说 3G 和 4G 时代让通信从语音转向移动互联网，那么进入高速发展的互联网时代，通信芯片的作用已经不再局限于人与人之间的连接，而是将整个世界的设备连为一体，让信息流动无处不在。无线局域网技术不断演进，光纤通信速度越来越快，而通信芯片开始支持更复杂的协议、更高频率的工作模式。

互联网时代的通信技术革命性意义在于，我们不再只是交流文字或声音，而是在网络中进行视频流媒体播放、实时游戏甚至云计算操作。在这样的背景下，通信芯片扮演的是大脑的角色，各式各样的小型设备比如智能家居，以及更复杂的系统如智能汽车，都离不开通信芯片的支持，实现了从“接入网络”到“万物互联”的演进。

❺ 5G 时代的来临

2019 年，5G 时代正式拉开了帷幕。5G 不仅提供了更快的网络速度，还支持更多设备的连接，推动了物联网、智能家居等新兴产业的发展。通信芯片的性能也随之提升，能够处理更复杂的任务，满足人们对高速率、低时延通信的需求。

通信芯片的发展也正是 5G 技术的基石。一块 5G 芯片不仅需要支持更高的传输速率，还需要具备高效率和低能耗的特点。各大公司在 5G 芯片领域展开了激烈竞争，推动了技术的飞速发展。这些芯片广泛应用于智能手机、物联网设备等，让人们迈入一种更加智能、更加互联的生活。

❻ 未来 6G 的畅想

展望未来，6G 将实现更高的传输速度、更低的时延以及更广泛的连接能力。目前，6G 技术的研发已经在全球范围内展开，预计到 2030 年左右实现商用。我国与很多国家同步启动 6G 研究，目前位于全球第一梯队。6G 的愿景是实现天地无疆，万物无界，即通过空天地海一体的网络架构，实现人类、物理世界和数字世界的无缝连接，支持沉浸式通信、超大规模连接、极高可靠低时延、人工智能与通信融合、感知与通信融合、泛在连接等典型应用场景。未来的通信芯片将不仅仅是传递信息的工具，还将成为智能生活的核心，推动无人驾驶、虚拟现实、远程医疗等新兴应用的发展。

值得注意的是，6G 技术仍在研究和标准化的初期阶段，实际的应用可能需要多年的时间才能实现。同时，还需要解决众多技术和安全挑战，以确保 6G 技术的可行性和稳定性。

第六章

医疗：

用“芯”守护身体健康

CHIP ERA：

THE
UBIQUITOUS
CHIPS

天覆地载，万物悉备，莫贵于人。

——《黄帝内经》

自古以来，健康长寿一直是人类孜孜以求的目标。时光荏苒，世事变迁，这一追求也从未停歇。从扁鹊的望、闻、问、切到华佗的五禽戏，我们的祖先就在不断探索保持健康的方法；进入信息化时代，高科技的崛起为传统医疗注入了新的活力，医疗芯片便是其中尤为耀眼的创新之一。

在这些令人瞩目的成就背后，有无数感人的故事和艰辛曲折的探索。透过医疗芯片的辉煌，我们不仅能看到人类对生命的尊重和对科学的不懈追求，还能感受到科技的温暖力量。

从古代时期，人类就开始监测各种基于当时对身体结构和疾病的理解而设定的健康指标，比如脉搏、体温、身体器官尺寸和皮肤颜色，中医中的“望闻问切”就是如此。这些指标信息的准确与否，都依赖于医生的经验，以及患者对身体感受的表述内容是否翔实精准。因此，早期医疗效果与医生的个人素养和能力直接挂钩，不同的医生对于疾病的判断分析不尽相同，甚至大相径庭，有些诊疗手段甚至一度与怪力乱神之说关联。

在现代科技的推动下，医疗科技正以前所未有的速度发展。其中，医疗芯片作为新时代的“智能医生”，正在逐步改变我们的健康管理方式。

1 新时代的“智能医生”

自从电子技术用于医学辅助开始，人类的医疗服务能力出现了突飞猛进的进步。在如今众多的医疗设备中，小小的医疗芯片是不可或缺的组成部分，它是设备系统性能实现跃升的关键源头技术，一直以来都是行业的“塔尖之争”。

医疗芯片是一种结合了微电子技术和生物科学的尖端科技产品，它的出现为疾病的预防、诊断和治疗提供了前所未有的可能性。医疗芯片在医疗健康领域的应用正在重新定义医疗设备和诊疗方式。它就像是新时代的智能医生：微创手术中的精确控制、可穿戴设备对健康数据的实时监测、智能植入设备对残疾肢体功能的增强等，都是芯片技术在医疗健康领域的典型体现。这些技术的进步，不仅提高了诊疗的效率与准确率，还大幅提升了人们的生存质量。

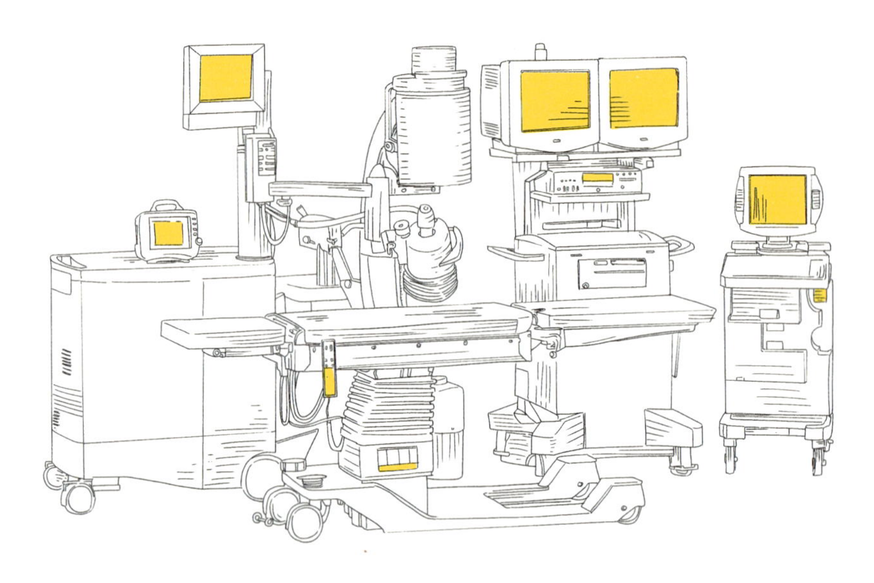

医用设备

❶ 诊断芯片：医生的“助手”

在日常生活中，去医院看病需要经历挂号、检查、化验等多个环节，费时费力，有时甚至还可能因为一些早期症状被忽略而导致病情加重。而诊断芯片的出现，正好解决了这个痛点。它就像医生的得力助手，帮助他们用更准确、更高效、更方便的方式来诊断疾病。

诊断芯片是一种微型的电子设备，它能在极小的体积内（可能只有指甲盖那么大），通过对血液、唾液甚至尿液等样本中的生物信息进行分析，找到隐藏在身体内部的疾病线索。目前，诊断芯片已

科普加油站

▶ **胃动力信息采集与分析系统**

重庆邮电大学研制了胃动力信息采集与分析系统，此系统通过体表电极连续地检测胃阻抗和胃电信号，分析与胃动力学状况相对应的阻抗特性和电特性，进而反映胃的收缩、蠕动及排空过程，为胃部功能性疾病的诊断提供了新的思路和方法。胃动力信息采集与分析系统的研制获得了多项国家级和省部级项目的支持，正开展相关的临床试验。

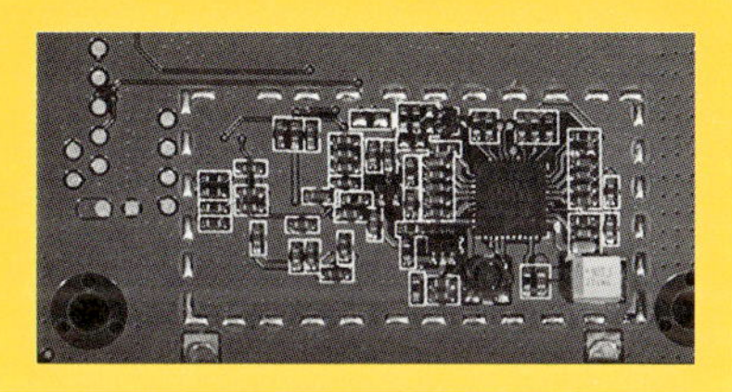

经被应用到了许多领域，比如癌症筛查、传染病检测以及心血管疾病的早期预警等。

大家都知道，癌症等许多疾病一旦进入晚期，治疗的难度和费用都会激增。若能在早期发现，患者的存活率和生活质量会大大提高。用于检测癌症的纳米芯片，可以在早期阶段通过识别血液中的癌细胞或特定蛋白质，达到早期诊断的目的。

这种先人一步的检测手段极大地提高了治疗的成功率。特别是在某些复杂疾病的早期阶段，准确快速的诊断不仅能提高患者的生存率，还能有效缩短治疗周期，减少不必要的生理伤害和经济负担。

❷ 监测芯片：健康的“侦察兵”

我们的身体就像一座复杂的房子，很难随时了解内部是否存在潜在的隐患。监测芯片正如一位无所不在的侦察兵，可以帮助我们实时掌握身体的健康状况。

监测芯片是一种能长期、持续收集身体健康信息的小设备。这些微小的装置通过植入或佩戴，可以追踪心率、血压、血糖等重要数据，甚至还能监测呼吸频率、肌肉活动以及脑波等信息。虽然它体积小，但它的工作效率非常高，甚至可以说毫不逊色于一些先进的医疗仪器。一旦发现异常，芯片会立刻发出警报，提示我们及时就医。这种即时性和精确性，是传统体检方式难以比拟的。

我们来看一个实例。对于糖尿病患者而言，血糖的监测至关重要，传统的血糖监测方法往往需要扎针取血，既痛苦又麻烦。而一款佩戴在皮肤上的非侵入性医疗芯片，则可以全天候监测患者的血糖水平，并将数据传输至医生的电脑上，甚至可以通过智能手机应用程序实时提醒患者进食或注射胰岛素的最佳时间。这样，医生可以根据实时数据调整治疗方案，而患者也无须再忍受反复的扎针之苦。这无疑是医疗芯片对患者生活质量的一大提升。

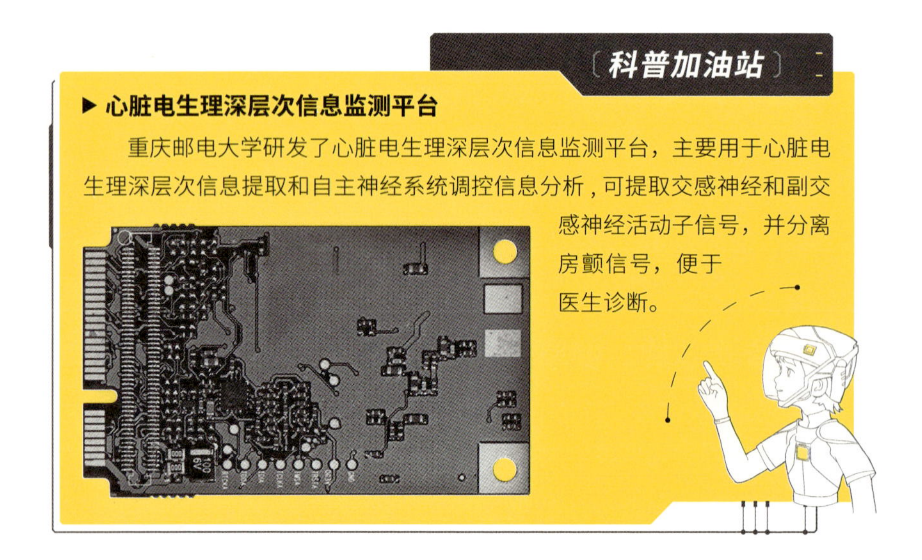

〔科普加油站〕

▶ 心脏电生理深层次信息监测平台

重庆邮电大学研发了心脏电生理深层次信息监测平台，主要用于心脏电生理深层次信息提取和自主神经系统调控信息分析，可提取交感神经和副交感神经活动子信号，并分离房颤信号，便于医生诊断。

再以心脏病为例，如今已有内置芯片的起搏器可以不断采集心脏数据，并在检测到异常时及时发送警报信号给医生或紧急联系人。

除此之外，监测芯片还广泛应用于运动健康管理、老年人监测以及术后康复等领域。例如，在高强度运动后，芯片可以告诉你是否需要增加水分补充；对于行动不便的老年人，芯片能够实时监测他们的步态变化，提前发现跌倒风险，避免意外。

❸ 治疗芯片：生命的“修复师”

当疾病不幸降临，我们需要的是针对性的解决方案。治疗芯片如同一位灵巧的修复师，不仅能发现问题，还能主动出击，进行修复和干预。在某种意义上，它是医疗技术发展的顶峰。

治疗芯片是一种植入式设备，可以直接在体内执行治疗任务。和传统的药物治疗不同，治疗芯片可以更精准地作用于疾病部位，从而减少对正常组织的影响。它通过一系列微型传感器、药物释放装置或电刺激装置，实现对疾病的定点治疗。

例如，帕金森病是一种神经系统疾病，患者往往会因为大脑中某些神经异常而出现手抖、行动缓慢等症状。科学家开发了一种“脑深部刺激芯片”，它可以植入病人的脑部，准确释放小范围电信号，让紊乱的神经“重启”。这一技术已经帮助许多帕金森病患者恢复了基本生活能力。

除了神经疾病，治疗芯片在癌症治疗方面也有重大突破。例如，某种基于纳米技术的芯片可以直接植入肿瘤部位，芯片会根据肿瘤细胞的生长情况精准释放化疗药物。这种方法能减少化疗药物对身体其他部位的伤害，大幅降低治疗副作用，为癌症患者带来了新希望。

❹ 个性化医疗：私人的“定制师”

医疗芯片技术可以用来支持个性化医疗。通过对患者基因组和生物数据进行深度分析，芯片可以提供量身定制的医疗方案，确保患者获得最适合的治疗。这种个性化的治疗方式正在改变传统的“一刀切”医疗模式，向精准医疗迈出关键一步。

❺ 远程医疗：联网的“隔空医生”

医疗芯片还显著提升了远程医疗服务的效率。近年来，远程医疗通过更高效便捷的医疗服务方式，改善了农村及偏远落后地区医疗资源不足的状况，帮助更多人得到了更好的专家医疗资源。

随着医疗芯片技术的不断发展，远程医疗可以实现医生对病患情况的全天候远程监护，以提供更个性化的医疗服务，在造福患者

〔科普加油站〕

▶ 远程医疗实际应用——体域网数字基带芯片

重庆邮电大学研发的体域网数字基带芯片主要用于远程慢性病监控、移动护理和特殊人群监护等领域，它集成了体征信号预处理、数字基带、射频电路模块，内嵌 CPU 核和协议栈，并搭载自主知识产权的人工智能 IP 核，提供强大边缘算力。芯片可实时收集、传输和分析人体生理、病理及环境数据，实现体征智能感知和健康状态远程监控，支持个性化、定制化的精准健康诊疗方案。其性能指标达到国际领先水平，具备完整自主知识产权，为智慧医疗部署和医疗信息化服务的提升提供了核心支撑。

的同时，精简医疗流程也有效地减少了医护人员不必要的工作量。

我国积极推进远程医疗服务，推动城市医疗资源向县级医院和城乡基层下沉。截至 2024 年 6 月，我国远程医疗服务网络已经覆盖了所有市县，并向社区和乡村基层延伸覆盖，全国 70% 的卫生院已经和上级医院建立了远程医疗协作关系。

❻ 智慧医疗：一体化的“综合管家”

近年来，随着人工智能、大数据等技术在医疗领域的创新应用，智慧医疗提升了人们的健康生活品质，也成为医疗行业转型升级的突破口。

智慧医疗

智慧医疗是指结合先进的信息技术和传感器技术，以及数据分析和人工智能等技术，对医疗保健领域进行全面的数字化和智能化改造，实现病人诊疗信息和医疗行政管理信息的收集、存储、处理、提取及数据交换。这一技术的出现是为了提高医疗服务的效率、质量和个性化水平，为患者提供更好的体验。

智慧医疗的关键特征包括：医疗决策由数据驱动，并且医疗和监护可远程实施。实施的组成部分是智能化的医院系统和家庭健康系统，基于统一的数据分析，针对地理位置、医疗资源、病患条件等医患双方基本信息给出最优治疗看护方案。

目前，医疗芯片在智慧医疗中的应用正在不断拓展，随着科技的进步，医疗芯片必将成为人类健康的忠实护航者，为我们的健康生活带来更多的便利和福祉。

2 医疗技术的芯片化进程

医疗芯片的出现为现代医学带来了革命性的变化。在这项科技的加持下，医学检测、诊断以及治疗手段都得到了质的飞跃。医疗技术的每一次突破，都让健康管理变得更加精准、高效和智能化。可以说，医疗技术的芯片化进程见证了科技与医学相互融合的一段辉煌历史。

❶ 医疗设备的数字化浪潮

医疗设备的数字化拉开了医疗芯片化进程的序幕。20 世纪下半叶，随着电子工程和计算机技术的崛起，医疗领域也迎来了一场数字化革命。起初，这种进步体现在诊疗设备的改进上。例如，数字化成像技术的出现颠覆了传统医学影像的形式。从传统胶片到精确数字图像，从 CT（计算机断层扫描）到 MRI（磁共振成像），芯片第一次被大规模应用于医疗设备当中。

数字处理芯片的引入，让医学影像的获取更加快速，分析变得更加精准。同时，监测设备也开始大量使用芯片技术，传统的心电图仪被微处理器改造为更智能的监控设备，实现更高效的数据记录和分析。例如，像霍尔特心电监测仪这样的便携设备，让医生们第一次能够连续多天监测患者的心脏健康状况。而这些医疗设备的数字化背后，正是芯片技术的发展开创了全新的可能。

虽然当时的芯片功能有限，但它们彰显出巨大的潜力，让医学数据能够从医院走向计算机处理系统，为接下来的远程医疗和个人化健康的数据采集与管理奠定了基础。

❷ 可穿戴设备与健康管理

进入 21 世纪，随着芯片体积的缩小和功能的增强，医疗芯片迎来了一个全新的应用领域——可穿戴设备。这些穿戴式器件，将医疗从医院里的大型仪器拓展到普通人的日常生活中，被视为医疗技术普及化的重要里程碑。

第一款引起广泛关注的可穿戴设备是 2009 年推出的 Fitbit 运动

手环，它能够实时记录佩戴者的步数、热量消耗和睡眠情况。这一创新让普通民众第一次对自身的健康状况有了直观的感知，而其核心，就是内置的传感芯片。

随后，心率、血氧监测功能被逐步加入这些小型设备之中。从苹果推出智能手表 Apple Watch 到华为公司推出健康手环，可穿戴设备的普及速度之快超出人们的想象。如今，这些设备不仅是时尚潮流的一部分,更是健康管理的一把钥匙。基于芯片记录和传输的数据，用户可以通过手机应用随时随地了解自己的生理状态，而医生也可以利用这些实时数据，进行疾病的早期诊断以及紧急干预。

这类芯片的升级，不仅增强了其计算与感知能力，还推动了物联网技术在医疗领域的应用。每一个健康数据都可能融入云端医疗网络，为个人健康历史进行全面记录和分析服务。这标志着医疗技术从单一设备迈向系统化管理的开始。

❸ 精准医疗时代的到来

如果说，可穿戴设备是芯片落地医疗的普及应用，那么精准医疗的兴起，则揭示了医疗芯片更深层的潜力。

这一阶段最令人瞩目的医学芯片技术，是基因芯片的突破。早期的基因测序耗时长，成本高昂，但基因芯片的出现让测序速度大大提升，成本也大幅下降。2015 年，美国宣布了“精准医疗倡议”，基因芯片迅速站在了医学研究和诊疗技术的最前沿。得益于此，医生可以通过基因数据预测疾病风险，制订个性化治疗计划。例如，某些癌症患者在接受治疗前，能够通过基因芯片测试药物敏感性，挑选对其最有效且副作用最小的化疗药物。

除此之外，精准医疗还与微型药物递送芯片技术密切相关。这种微型芯片可以直接植入体内，精准释放药物，不仅显著降低药物在全身范围造成副作用的可能性，还让药效更加显著。这些看似科幻的技术，都已经初步进入了临床试验和实际应用阶段。

❹ 生物芯片的未来应用

芯片在可穿戴设备和精准医疗领域已经大展身手，但它在医疗领域的发展前景远不止于此。未来，生物芯片的广泛应用将彻底改变我们对疾病的检测、诊疗及防控方式。

目前，实验室中的生物芯片技术已经展现出惊人的潜力。所谓的生物芯片，是集成了微传感器、生物探针和处理单元的微型设备，可以在极短时间内完成对生物分子的检测。它们能够直接分析血液、尿液、唾液等样本中的生化指标，从而快速诊断疾病。例如，用一块小小的芯片，就能在几分钟内检测体内是否存在癌细胞，或是否感染其他病原体。

未来，生物芯片还能用于早期疾病预警。尽管现在已有部分植入式设备实现了健康信号的监测，但这些设备的功能通常较为单一，主要针对特定疾病或生理参数，而生物芯片真正能够全面监测多种病理信号并实时预警。当微型生物芯片植入体内并实时监测人体时，一旦检测到病理变化的初期信号，它们就能发出警报，将异常信息传递给用户和医生，从而实现“未病先防”。这种主动、实时的健康监测工具，目前仍处于研发阶段，尚未大规模应用，但它们将彻底重塑我们的健康管理观念。

此外，生物芯片与人工智能的结合也将使医疗技术进入全新的境界。人工智能算法借助芯片采集的大量数据，可以辅助医生做出更加准确的诊断和治疗决策，甚至自动发现医疗领域中的科学规律。这一趋势有望让人类进入医疗智能化的新时代。

尽管医疗芯片的前景无限，但它也面临着一些挑战。例如隐私安全问题、芯片的成本负担以及长期使用的风险等。这些问题都需要科学家们去思考和解决。但无论如何，可以预见的是，这些技术壁垒都会被突破，未来的医疗芯片将变得更加智能，更具成本效益，从而进一步普及到每一个普通人的生活中。

近年来，在全球医疗健康领域的革命浪潮中，中国的医疗芯片技术正以极快的速度崛起。尤其在高端影像芯片、心血管植入芯片和生物传感芯片等方面，已经逐步达到或超过国际水平，为全球医疗产业注入新的活力。例如，2021 年联影集团发布了首款高端医学影像专用“中国芯”，填补了我国在高端医学影像设备自研专用芯片领域的空白，并在关键技术指标上实现了国际领先。

随着医疗芯片技术的不断成熟和完善，中国正逐步由“学步者”变为“领跑者”。在某些专业细分市场，如可穿戴医疗设备芯片领域，中国企业已经占据了相当的市场份额。此外，中国医疗芯片的出口量逐年增加，不少产品已经成功进入欧美、日本的高端市场。

第七章

安防：安全进入“芯”时代

CHIP ERA:

THE UBIQUITOUS CHIPS

人之有墙，以蔽恶也。

——《左传》

与国内其他诸多产业一样，我国的安防产业也经历了由小到大、由弱到强的发展历程，四十多年砥砺奋进，从萌芽起步、发展壮大，到迅速崛起和高质量发展。在经历了被制裁、关键芯片停产断供的“缺芯危机”后，国内安防产业自力更生，苦练内功，经过自主研发和创新，在技术层面取得了显著突破，推出了众多拥有自主知识产权和具有国际竞争力的产品，取得了令人瞩目的成就，为国家安全、社会治理、民生服务提供了强大技术支撑。目前，中国安防市场已是全球最大的单一市场，占全球比重超过45%，作为安防系统的核心部件，国产安防芯片的市场份额已经提升到全球市场的60%到70%，显示出强大的竞争力。

电影中的安防装置

安全防护系统的主要目标是保障人们的生命和财产安全。虽然形式各异，但它的发展过程与文明和技术进步紧密相随。在古代，高耸的城墙为居民提供了住所的基本防御。同时，人类发明了各种用于保护自己免受外部威胁的个人防护装备，如剑、盾牌、盔甲等。

在工业革命之后，生产力大幅度提升。随着城市化进程加速，社会治安和火灾防控成为新的安全需求。于是，机械化报警装置（如钟式机械报警器）和早期火灾探测器（如热敏火灾报警器）开始出现，为安全防护系统的技术化发展奠定了基础。

进入 20 世纪，电子技术的发展使监控摄像头、报警系统和红外感应等更多新型设备得以用于安全防护领域，我们经常能在电影尤其是特工谍战类电影中看到这类安防产品的强大功用。

随着现代科技的迅猛发展，安防产业正飞速迈入全新的“芯”时代。各种类型的芯片作为安防设备的核心组件，赋予了安防系统更强大的性能、更高的可靠性和更智能的功能。

1 安全的“芯”保障

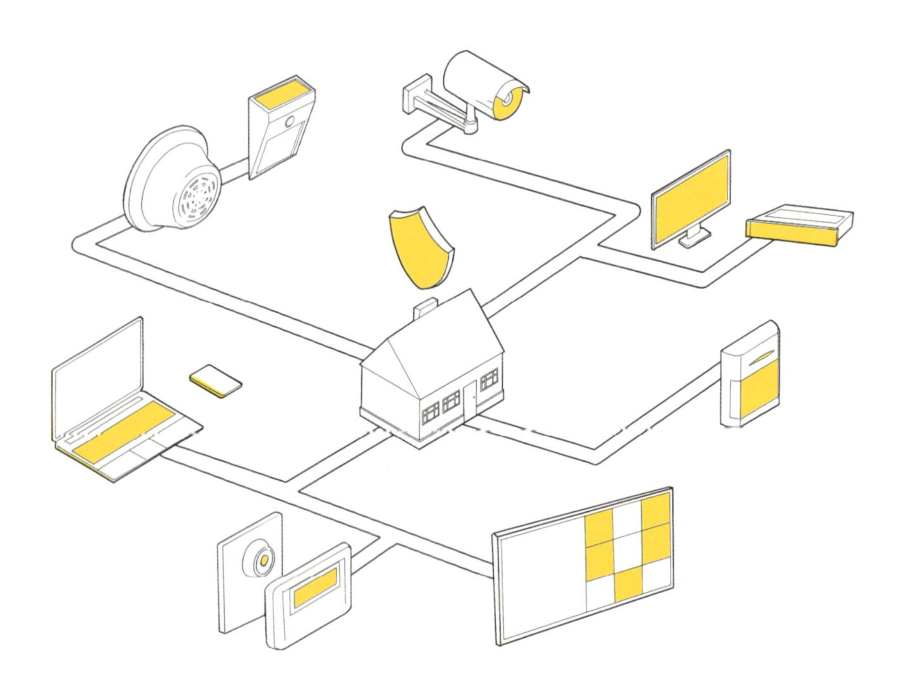

现代安防系统的基本构成

现代安防设备已不仅仅停留在简单的监视与记录，它们开始具备实时分析、智能判断和系统化保护的能力，而这些能力的核心来源正是各种高性能芯片。从监控、识别到防护，芯片技术的应用让安防领域不仅具备了“眼观六路，耳听八方”的能力，而且拥有了“识人知面”“防患未然”的智慧。

❶ 视频监控芯片：眼观六路

一提到安防，我们首先会想到视频监控。在购物中心、银行、停车场，甚至在你家门口，监控摄像头无处不在。要实现 24 小时不停运作，视频监控的背后少不了芯片的支持，它们帮助摄像头实现图像采集、视频编码等功能。

视频监控芯片犹如安防系统的眼睛，它们可以将摄像头捕捉到的画面快速转换成画质清晰的视频信号。举例来说，小区的摄像头能够在白天监视车辆进出，晚上守护社区安全，背后便是视频监控芯片在高效地运转。此外，在高清夜视和动态捕捉方面，它们如同猫头鹰，即使在低光环境下，也能捕捉清晰的画面。

过去，传统的监控摄像头只能录制视频画面，如同一双没有思考能力的眼睛。如今，借助先进的视频监控芯片，这双眼睛不仅看得更远、更清晰，也能从中提取有价值的信息，例如监测异常行为或追踪目标。高速视频处理芯片可以支持 4K 甚至 8K 分辨率视频的流畅录制与解析，让监控系统在繁忙的城市街头或复杂的工业环境中都能高效运作。

❷ 图像处理芯片：抽丝剥茧

如果说视频监控芯片只是眼睛，那么图像处理芯片就是一个拥有“透视眼”的分析师。它负责对抓拍到的画面进行更深层次的优化，比如去噪、增强亮度，同时，将深度学习算法嵌入图像处理芯片中，通过无数的样本训练，提升识别精度，还可以让设备识别物体、分析行为，让“看得清”升级为“看得懂”。

在海量图像数据中快速提取关键信息，需要依靠高效的图像处理芯片。一个典型的应用场景是智能交通摄像头——当系统需要识别车牌号时，图像处理芯片可以迅速筛选出清晰的车牌区域并自动记录，帮助警方迅速追踪可疑车辆。

在零售行业中，防盗系统的智能化已经成为趋势。图像处理芯片能够分析摄像头捕捉的视频画面，识别出可疑行为，比如长时间徘徊或者试图遮挡监控。它就像是一个拥有“透视眼”的安保人员，能够迅速区别出正常顾客和潜在的威胁，让管理更高效。

❸ 生物识别芯片：识人知面

从手机解锁到机场通关，生物识别技术早已走入我们的日常生活。而在安防领域，生物识别芯片提供了可靠且便捷的身份验证手段。它们被广泛应用于智能门锁、电子支付以及机场的身份识别系统。刷脸进门、指纹解锁、虹膜扫描甚至静脉识别，都离不开强大的生物识别芯片支持。这些芯片通过快速匹配生物特征与数据库中的信息，可以在毫秒级的时间内完成身份验证，不仅提升了安全性，也极大提升了效率。它们的精准计算能力和抗干扰能力，让验证过程不受环境光线或人体状态的影响，真正实现了“刷脸通行”的安全和便利。

❹ 入侵检测芯片：防患未然

在安防领域中，治安并不意味着等待威胁发生后再去处理，而是更多地强调“防患未然”。这正是入侵检测芯片的用武之地。它就像一个雷达，负责探测周围环境的变化，将隐患消灭在萌芽状态。

入侵检测芯片通常被集成在防盗报警系统中。这些芯片可以响应来自门窗传感器、红外线探测器等设备的信号，并快速分析数据，评估是否存在入侵行为。一旦发现异常,它们可以第一时间发出警告，通知用户或安保团队采取行动。入侵检测芯片还可以结合人工智能技术，自主学习常见的入侵模式，从而显著降低误报率。例如，当小区围墙上安装了红外线感应设备，只要有可疑人进入禁区，入侵检测芯片就会立刻发出警报。它们能够实时监测温度、运动轨迹或声波变化，在潜在的威胁接近时，提前触发安全防护机制。

另一个典型应用场景是智能家居。当有人试图撬开门窗时，嵌入的入侵检测芯片会根据小幅的震动感应到不寻常信号，迅速触发警报并向你的手机发送通知。这种“防患未然”的能力，不仅保护了财产安全，也为人们营造了更放心的居住环境。

❺ 加密芯片：固若金汤

信息安全同样是安防的重要组成部分。在当今信息化社会中，许多安防设备需要通过网络进行数据传输，如智能门铃、联网摄像头等。但同时，这些联网设备也成为黑客攻击的目标。如果没有可靠的防护措施，敏感数据可能会在一瞬间暴露于外部威胁之下。加密芯片则是数据安全的保护锁，为信息的传输和存储提供固若金汤的保障。无论是视频流、身份数据还是警报信息，加密芯片都可以通过复杂的算法对数据加密，使其在传输过程中不被篡改或窃取。特别是在物联网快速发展的背景下，加密芯片为安防系统的网络安全提供了强有力的保障。

加密芯片常用于金融、政务以及其他对数据安全性要求高的场景。例如，当你刷卡支付时，加密芯片能够有效加密交易数据，防止黑客“偷天换日”。另一个例子是在智能门锁中，用户的指纹信息被实时加密存储，从而保证数据的独立性，即便有人试图破解设备，也无法获取有效信息。

加密芯片的特别之处还在于它拥有独立的物理运算能力，而非依赖外部设备进行加密运算。这种独立性让数据传输过程更加安全，能够有效抵御各种恶意攻击。

芯片在安防领域的作用好比一个精密分工的团队，每一种芯片都发挥着特定的职能，共同构建起安全的“钢铁长城”。从监控、识别到防护，它们让我们的生活变得更加安全、智能，也为未来智慧城市建设提供了强大的技术支撑。可以说，在构筑安全的世界中，芯片正是那颗不可或缺的“智慧之芯”。

2 智能安防的升级之路

当科技不断取得突破时，人类的安全需求也在逐步演化。从简陋的机械工具到高科技的智能设备，从单一防护到立体化安保，安防领域发生了翻天覆地的变化。而支撑这一变革的，是芯片技术的不断进步。芯片作为现代电子设备的大脑，为安防领域提供了强有力的技术支撑，为整个产业注入了生生不息的动力。

❶ 从机械锁到电子锁

回望过去，早期的安全防护主要依赖简单的机械锁。以钥匙为主的传统机械锁，在相当长的时间内承担着人类对个人财产和隐私的保护。然而，随着人类生活方式的变化，以及对高效便捷需求的增加，机械锁的种种问题如钥匙遗失或被复制、暴力撬锁等频频出现。

20世纪末，芯片技术的成熟让电子锁的出现成为可能。电子锁搭载了嵌入式微处理器，可以通过密码、卡片或其他非机械手段来进行身份认证。在安防领域，这种转变无疑是划时代的。电子锁的诞生解决了传统锁具无法应对的难题，同时注入了更高的智能化元素。以射频识别（RFID）芯片为代表的技术，使非接触式卡片成为电子门禁的重要形式。通过这块小巧的芯片，电子锁具不仅提升了便捷性，还较大幅度地提高了防伪能力。

❷ 视频监控技术的进化

如果说电子锁解决了物理安全的问题，那么视频监控技术则解决了更广范围的安防需求。最早的安防监控，可以追溯到20世纪中期的黑白监控系统。这类设备通过模拟信号传输图像，因清晰度低、识别效率低而限制了其应用范围。随着芯片技术逐步渗透到视频监控设备中，拍摄、存储和分析的能力得到了质的提升。

一个重要的里程碑是视频图像数字化的兴起。20世纪90年代，数字信号处理（DSP）芯片开始在监控摄像设备中广泛使用。这些芯片能够将图像模拟信号转换为数字信号，不仅提高了图像的分辨率，还为后续的图像压缩和保存奠定了基础。

到了21世纪初，安防摄像头搭载了高性能的CMOS芯片，使高清视频成为现实。尤其是H.265视频压缩技术的普及，让监控设备不仅能够记录高清画面，还能显著减轻视频存储设备的成本负担。再加上边缘计算芯片的引入，实时分析功能也成为可能，这一进步使监控系统从“被动记录”转变为“主动警示”。

❸ 生物识别技术的普及

当机械锁难以应对日益复杂的安防需求时，生物识别技术成为一股不可忽视的新力量。在经典的科幻电影中，“通过指纹或虹膜来解锁系统”的场景屡见不鲜。如今，这不再是科幻故事，而是人们日常生活中的一部分。从智能手机的指纹解锁到银行的生物认证，这些都得益于生物识别技术的普及。而其背后的核心推动力，正是生物传感器芯片的不断创新。

2010年前后，生物识别技术进入了快速商业化和普及阶段。借助高速微处理器和专用算法芯片的支持，指纹识别技术逐渐从高成本的科研用途转向消费领域的商业化应用。一个标志性事件是2013年苹果推出iPhone 5s，这是第一款将指纹识别技术大规模商用的智能手机。从此，智能手机行业引发了一场生物识别的革命，进一步推动了安防领域对指纹识别、人脸识别等技术的广泛运用。例如，在公司门禁系统、智能家居的锁具等应用中，生物识别技术迅速取代传统密码，成为身份验证的主流手段。

我国自2004年启动“平安城市”建设以来，监控摄像头的部署范围不断扩大，并逐步引入人脸识别等高级技术，显著提升了监控

科普加油站

▶ 平安城市

2021 年 3 月 5 日，《中华人民共和国国民经济和社会发展第十四个五年规划和 2035 年远景目标纲要（草案）》提出，统筹发展和安全，建设更高水平的平安中国。平安城市就是平安中国理念下的城市实践行动，平安城市不仅需要满足治安管理、城市管理、交通管理、应急指挥等需求，而且还要兼顾灾难事故预警、安全生产监控等方面对图像监控的需求，同时还要考虑报警、门禁等配套系统的集成以及与广播系统的联动。就是通过三防系统（技防系统、物防系统、人防系统）以及相应的管理系统相互配合、相互作用来完成安全防范的综合体。

系统的智能化水平。这些技术在重点区域的应用，有效提升了社会治安管理效率。从 2010 年至今，国内安防系统已经朝着智能化结合大数据技术的方向发展，5G 技术的普及、人脸识别、行为分析、智能报警等技术的应用使国产安防系统具备更快速、高效的数据传输和处理能力。

近年来，更先进的技术，例如人脸识别、虹膜识别甚至步态识别，也逐步走入大众生活。值得一提的是，为确保高精度和防伪能力，近红外成像技术也被集成到许多设备中。同时，深度传感器和红外摄像头等特定传感器阵列的发展，为这些应用提供了支持。

生物识别技术的普及不仅提高了安全性，还极大方便了人们的生活。然而，这同时也引发了一些新的关注点，如隐私保护的问题。伴随芯片计算能力的不断增强，如何在提升效率的同时保护用户隐私，成为产业面临的共同挑战。

❹ 加密芯片的崛起

随着安防设备逐渐联网，“万物互联”成为趋势，安防领域的网络安全问题也浮出水面。物理安全设备逐步与网络世界交汇，但黑客攻击、数据泄露等问题也随之而来。因此，具备加密功能的安全芯片成为网络时代的重要武器。

一个关键的里程碑事件是21世纪硬件加密芯片的兴起。例如，目前广泛应用的TPM模块芯片，能够通过硬件级别的加密算法，保护数据免受非法攻击。此外，通过配备密码加速器，芯片的数据加密效率得到了飞跃式提升。这些芯片被广泛应用于银行系统、政府机关和关键设施上，成为保护核心信息的盾牌。

近年来，物联网设备的普及使得网络安全面临更加复杂的威胁。例如，联网的智能摄像头可能被黑客攻破，用户隐私暴露于网络之中。这让安防企业开始重视芯片层面的安全设计，高性能的加密芯片、身份认证功能的集成成为必然的技术趋势。

❺ 智能安防的未来展望

随着数字化、网络化两次技术革命的到来和国内安防市场的不断扩大，国内市场对安防芯片的需求日益增长，又加上市场领导者海思自2019年起开始面临来自美国政府的制裁压力，在这一背景下，国内企业不断加大研发投入，推动安防芯片的国产化进程，一批本土芯片厂商迅速崛起，如星宸科技、富瀚微、北京君正、瑞芯微、国科微、瓴盛科技等，纷纷推出了各自的安防AI SoC芯片。近年来，国内安防芯片厂商不断突破技术难关，推出了许多具有自主知识产权和国际竞争力的产品。

展望未来，安防领域的芯片技术仍有无限的可能性。随着人工智能技术与芯片架构深度结合，一些大胆的概念正在变为现实。例如，智慧城市中的无缝监控网络，得益于一系列低功耗、高性能的芯片支持，可以实现大规模实时监测；深度学习芯片则进一步提升了系统在复杂动态场景下进行决策的能力。

此外，量子计算可能是未来安防芯片的又一突破点。利用量子计算理论设计的新型芯片有望颠覆当前的密码学体系，使得安全保护更加牢不可破。同时，环保也是芯片未来发展的方向之一。在全球致力于实现碳中和的大背景下，低功耗、可降解的新型芯片材料将引领绿色安防新潮流。

从机械锁到智能锁，从简单的视频记录到人工智能赋能的视频分析，再到生物识别和网络安全，无论技术如何革新，芯片始终是这场技术变革的核心驱动力。随着科技的不断进步，芯片将继续推动安防技术突破人类安全保护的边界，为构建更加智能、安全的社会奠定基础。

第八章

人工智能：

像人类一样思考

雄关漫道真如铁，而今迈步从头越。

——毛泽东《忆秦娥·娄山关》

2025年春节前后，中国科技界向全球献上了双重震撼。AI大模型DeepSeek以低成本、高性能、全开源三大特性横空出世，甫一发布便迅速登顶全球百余个国家技术下载榜首，引发了全球科技界的广泛关注。与此同时，在央视春晚舞台上，众多人形机器人身穿喜庆花袄，手舞红手绢，扭起了大秧歌，其毫米级动作精度与智能协同能力，将科技与传统艺术跨界融合，瞬间点燃了海内外观众的热情，使这场表演成为春晚“人气王”。

DeepSeek与春晚跳舞机器人的走红，不仅展现了中国AI技术的全栈式创新能力，更标志着我国在全球AI竞赛中完成了从技术追随者到创新引领者的里程碑式跨越。当DeepSeek的开放代码被全球程序员争相使用，当机器人扭秧歌的视频在社交媒体刷屏时，全世界都真切感受到：中国AI如旭日东升，正势不可挡地推动着全球智能革命迈向新纪元。

人工智能（AI）正以惊人的速度渗透到我们生活的方方面面。从语音助手到汽车自动驾驶，从医疗诊断到金融风险评估，AI 技术的应用无处不在。那么，驱动这一切的核心力量是什么？答案是 AI 芯片——一种专为 AI 计算设计的尖端硬件。正是这些芯片的强大算力，支撑起复杂算法的高效运行，使机器具备了如人类般的思考与感知能力。可以说，它们是赋予机器智慧的“芯”动力。

人工智能

1 赋予机器思维的“芯”动力

究竟什么是人工智能，也就是我们常说的 AI 呢？简单来说，AI 是一种通过技术实现的**“认知自动化”**和**“解决问题自动化”**。AI 工作有三个关键步骤：观察并感知环境，理解并推理环境，提出并执行计划。

例如，在汽车自动驾驶中，车辆可以感知周围环境，推理自身及周围车辆的位置，最后规划出行驶路线。这种能力可以看作“数字司机”的表现。同样，在医疗领域，AI 可以分析 CT 扫描图像，识别并推断图像中的信息，一旦发现异常，就将结果标记出来，并告知放射科医生。这种应用则相当于“数字放射科医生”。

而让 AI 具备这些能力的关键，则是 AI 芯片。这当中包括加速 AI 成长的**机器学习加速器**，实现复杂算法的**深度学习芯片**，模拟人脑思维的**神经网络处理器**，以及理解听觉、视觉的**自然语言处理芯片**和**视觉处理芯片**，它们的出现让“机器拥有智慧”这一目标从梦想走向现实。

❶ 机器学习加速器：AI 训练的加速器

AI 的“成长”离不开学习和训练，而机器学习加速器就是一种专门设计用于加速机器学习任务的芯片，能通过优化计算和数据处理的速度，显著缩短 AI 模型的训练时间。

训练 AI 模型需要不断地学习海量数据，并从中总结规律。AI 分析出结果看似轻松，但背后却需要大量的计算资源和时间。可以将机器学习加速器比作实验室中的离心机：它快速“旋转”数据，提取出“精华”，加速 AI 模型的训练。这些加速器特别适合处理 AI 常用的矩阵运算和向量计算。

常见的机器学习加速器有图形处理器（GPU）、张量处理器（TPU）、专用集成电路（ASIC）和现场可编程门阵列（FPGA）。GPU 因其高度并行的计算能力与深度学习的计算需求高度契合，成为训练芯片的一个重要分支。随着深度学习的复杂度不断提升，专门用于优化机器学习训练的机器学习加速器应运而生。例如，谷歌开发的 TPU 就是典型的机器学习加速器。谷歌曾在一篇博客中提到，TPU 的计算能力是传统 CPU 和 GPU 的数倍，它的功耗更低，同时特别适用于机器学习工作负载。谷歌翻译、自动驾驶汽车 Waymo，甚至 AlphaGo 的迭代版本，都离不开 TPU 的支持。

科普加油站

▶ **ASIC、FPGA——专家和多面手**

ASIC 是一种为特定应用或用途设计的集成电路。与通用集成电路（如微处理器）相比，ASIC 是为完成特定任务而优化的，通常用于计算密集型或特定算法的应用中，正文中所提到的张量处理器（TPU）就是谷歌为机器学习和深度学习任务开发的专用集成电路。

如果把计算机比作一座大工厂，那么 FPGA 就像是一座可以根据生产需求随时重新配置生产线的灵活车间。它可以在不同任务之间任意切换，此刻生产汽车零件，下一刻便能转向家用电器部件的制造。FPGA 的优势在于其“可编程”的特性，用户可以在硬件层面上自由地定义和实现特定功能。因此，它特别适合应用于需要高度灵活性和定制化的场合，比如信号处理、加密运算以及数据流处理等。

❷ 深度学习芯片：智能算法的核心

深度学习是 AI 的一项重要技术，广泛应用于语音识别、图像分类、自动驾驶等场景。那么，支撑这些深度学习算法高效运行的关键硬件是什么？答案就是深度学习芯片。

深度学习芯片专为深度神经网络算法设计，在处理 AI 算法时，它根据神经网络对资源的具体需求设计指令路径，显著提高运算效率，可以高效完成图像分类、语音识别和自动驾驶等任务。自动驾驶系统便是一个鲜活的例子，它依赖于搭载深度学习芯片的车载电脑，从大量实时数据中快速分析出最佳驾驶决策，为用户创造安全、便捷的驾驶体验。

2016年，谷歌公司效仿IBM，邀请围棋世界冠军李世石与AlphaGo程序进行了一场历史性的围棋对弈。这场对弈引起了巨大的国际关注，比赛共进行了五局，最终AlphaGo以4胜1负的成绩获胜，标志着AI强化学习和深度学习的能力远超从前。

再以英伟达（NVIDIA）的A100芯片为例，它被誉为“AI计算引擎”，适用于从推荐系统、语音识别到科学计算的广泛应用场景。比如在智能推荐方面，流媒体平台可以利用该芯片快速分析用户的观看历史，生成实时的个性化推荐内容。

深度学习芯片的出现不仅大幅优化了AI模型的推理效果，还让许多过去因硬件性能限制而难以落地的AI应用成为可能。

❸ 神经网络处理器：模拟人脑的奇迹

如果将AI比作模仿人类大脑的技术，那么神经网络处理器（NPU）就像是为这种模仿搭建的专属舞台。众所周知，人类大脑由无数神经元相连，形成一个极其复杂的网络，负责思维、感知和决策。NPU则试图以数字化的方式重现这一过程。

简单来说，NPU专注于模拟人脑的结构和功能，通过处理大规模矩阵运算实现人工神经网络的高效计算。它不像传统CPU那样处理日常任务，而是特别针对AI模型中的复杂计算和数据流动进行优化。例如，智能手机内嵌的NPU是人脸识别和语音助手的中枢，让手机能够快速识别人脸，甚至能够理解语境。

一个典型的案例是华为的麒麟980芯片，它内置了神经网络处理器，可以实时处理图像识别任务。比如，当你用手机拍照时，NPU会抓取画面中的对象，如人、花卉、天空，然后快速调整拍摄参数，帮你获得更清晰的照片。可以说，NPU 赋予了机器“类脑”的能力，让原本冷冰冰的设备多了一丝灵动与智慧。

❹ 自然语言处理芯片：理解人类语言的助手

让机器理解和生成语言，是 AI 技术的一大难点。这涉及大量的语义分析和上下文关联计算。为了解决这一问题，自然语言处理芯片（NLP）应运而生。

如果说文字是人类沟通的桥梁，那么 NLP 就是让机器阅读和写作的老师。通过对词语、句式和语境的深度学习，机器能够理解人类的语言表达，从而实现语音识别、语音合成和翻译等功能。

以 Alexa、Siri 和小爱同学为例，它们能听懂你的问题，并流畅作出回答。在其背后，NLP 扮演着不可忽视的角色。特别是在多语言翻译领域，像科大讯飞开发的 AI 翻译机，利用了 NLP 芯片，能够在数秒内实现中英互译，甚至支持多种小语种翻译，大幅提升了旅行和商务交流的效率。而大型语言模型的产生标志着 AI 在自然语言处理领域的发展。

随着自然语言处理技术的成熟，未来我们与机器的交流或许会像人与人之间的对话一样自然流畅。

❺ 视觉处理芯片：机器看世界的眼睛

如果要让 AI“看见”世界，它需要什么？答案是视觉处理芯片（VPU）。这种芯片就像机器的眼睛，通过对图像和视频数据的处理，让机器拥有视觉能力。

VPU 通常用于自动驾驶、安防监控、机器人导航等领域。例如，自动驾驶汽车通过摄像头捕捉道路和环境信息，而 VPU 则将这些海量数据迅速处理，帮助汽车作出决策，比如识别信号灯、避让行人。

英特尔推出的 Movidius VPU 就是一个典型案例。这款芯片体积小、功耗低，却有着强大的视觉处理能力。无人机使用这类芯片不仅可以识别地形，还能根据环境实时调整飞行路径。而在 AR（增强现实）和 VR（虚拟现实）中，VPU 也作为核心部件，为用户提供更流畅、更真实的视觉体验。

可以说，视觉处理芯片的创新，让机器不仅能“看到”这个世界，还能“理解”它，同时为实现未来的全自动应用打下坚实基础。

2 AI 芯片的崛起

如果说，第一次、第二次工业革命以机械化、电力化和自动化为主要内容解放了人类的四肢，实现了人类体能的延伸和放大，以计算机、网络、通信、光电子和集成电路等技术为主要内容的信息革命，实现了人类感官能力的延伸和放大，那么今天以 AI 与新型材料工程等技术为主要内容的智能化革命，则将信息技术推向全新的高度，实现人类大脑能力的延伸和放大。

在过去的几十年里，AI 技术取得了显著的发展，其中一个不可忽视的推动力就是 AI 芯片的不断演化。AI 芯片的发展历程，正是 AI 发展的一个缩影，下面我们就一同回顾 AI 芯片从萌芽到崛起的精彩历程。

工业革命、信息革命、智能化革命对人类的影响

❶ AI 的萌芽

关于 AI 的缘起，必须要提到一个人——艾伦·图灵。1950 年，数学家图灵提出了模仿游戏，即图灵测试，作为判断机器是否具有智能的标准，即如果一台机器能够与人类沟通，且让人类难以分辨其是人还是机器，那么这台机器就被认为具有智能。

图灵测试自诞生以来产生了巨大影响，图灵也被冠以“人工智能之父”的称号。

随后，在 1956 年的达特茅斯会议上，多位著名的科学家从不同学科的角度探讨用机器模拟人类智能等问题，并首次提出了“人工智能”这一术语。因此，1956 年也就成为人工智能元年。

艾伦·图灵

在早期的探索中，科学家们使用的计算机硬件大多是通用处理器，即 CPU，通过手动编写的算法解决特定问题，比如象棋比赛中的决策程序。这些程序虽然展现出了一定的智能，但是远远谈不上适应复杂的任务场景。彼时的芯片设计主要还是围绕通用计算（如浮点计算和逻辑运算），专门为 AI 设计的芯片还未诞生。

❷ 机器学习的突破

到了 20 世纪 80 年代至 90 年代，AI 经历了第二次浪潮——机器学习的兴起。与早期采用手动编程的 AI 方法不同，机器学习更强调让计算机“自己”从数据中学习规律和模型。这一变革带来了极大的可能性，同时对计算提出了更加严苛的要求。

一个标志性的事件，是 1997 年 IBM 开发的“深蓝”超级计算机击败了国际象棋世界冠军卡斯帕罗夫。虽然“深蓝”未采用现代 AI 技术，但它的胜利揭示了算力与算法协同的潜力，也拉开了社会对计算能力需求的序幕。

1999 年，GPU 逐渐登上了舞台。最初，GPU 是为了图形渲染而开发的，其高效的并行计算能力非常契合矩阵运算的需求，而矩阵运算正是机器学习模型训练和推理的核心计算方式。2006 年后，科学家们发现，与传统的 CPU 相比，GPU 可以更快速地完成训练任务，这让机器学习算法的实践效率提高了一个数量级。从此，GPU 成了 AI 研究人员的好帮手，虽然它一开始并不是为 AI 专门设计的，但为后续 AI 芯片的演进提供了基础。

卡斯帕罗夫与“深蓝”对弈

此后，更多先进的机器学习算法被提出，比如支持向量机（SVM）、决策树等，但这些算法依然需要依赖巨大的计算资源，显然，通用的硬件已经逐渐成为发展的瓶颈。各界开始探索更高效、专用化的计算芯片。

❸ 深度学习的兴起

2006年，深度学习的研究迎来突破，仿佛为低谷中的AI注入了一针强心剂。深度学习是一种受人脑神经网络启发的算法，具有更强的表达能力，能够在大数据的支持下完成自动驾驶、语音识别、图像分类等更复杂的任务。2012年，深度学习模型AlexNet在图像识别竞赛中大放异彩,首次超越了传统算法的表现,AI由此进入了“深度学习时代”。

深度学习带来的计算需求呈指数级增长，让原本已经吃力的通用硬件变得不堪重负。为了应对深度学习的计算要求，硬件设计开始进入专业化阶段。这时，GPU的霸主地位得以巩固，像英伟达这样的公司推出了专为深度学习优化的GPU芯片，例如大名鼎鼎的Tesla系列。与此同时，科学家和工程师们也在思考：是否可以设计出比GPU更高效、更适合AI任务的芯片？

❹ AI芯片的迅猛发展

进入21世纪第二个十年，随着AI应用的多样化，AI芯片终于迎来集中的爆发，自动驾驶、智能家居、智慧医疗以及机器人等领域涌现出广泛的AI需求，该领域进入了全面发展的黄金时期。从专注于AI计算的专用集成电路（ASIC），到灵活高效的张量处理器（TPU），再到现场可编程门阵列（FPGA）的广泛应用，AI芯片的种类和设计理念日趋多样化。

然而，以 GPT-3（ChatGPT 的前身）为代表的早期大模型深陷“算力饥渴”——训练需消耗上万块 GPU，耗时数月，电费堪比小型城市。这种“暴力堆料”模式虽验证了大模型的潜力，却暴露了通用芯片的效率瓶颈：大部分的晶体管忙于搬运数据而非计算，能效比极低。2016 年，谷歌发布了第一代 TPU 芯片。这是一款专为机器学习和深度学习任务设计的芯片，性能远超传统的 CPU 和 GPU。TPU 的推出标志着 AI 芯片正式迈入专用化时代，它通过脉动阵列、片上存储等设计，将矩阵运算效率提升 10 倍以上。

与此同时，传统半导体厂商也不甘落后，无论是英伟达继续巩固 GPU 领域的优势，还是英特尔收购 AI 芯片初创公司，甚至苹果为自己的设备开发了神经引擎，整个行业都在以空前的速度投入研发。AI 芯片不仅性能持续跃升，功耗也逐渐降低，可应用的场景也更加多元，从云端服务器到边缘设备都得到了大规模应用。

此外，技术创新也在推动 AI 芯片发展，当芯片提供更强算力底座时，新一代模型开始反哺硬件创新。2025 年发布的 DeepSeek-R1 大模型，不再单纯追求参数规模，而是通过 MoE 架构（混合专家系统）实现动态节能——仅激活与任务相关的子网络，避免“全员加班”。这种“精准用电”模式，让模型在同等精度下，推理速度提升 3 倍，完美适配边缘侧 NPU 的有限算力。从 ChatGPT 依赖“芯片蛮力”打开认知智能的大门，到 DeepSeek 凭借“算法巧思”实现能效平衡，AI 与芯片的互动已从“硬件驱动”转向“软硬共生”。

近年来，中国在 AI 芯片领域逐渐成为一股不可忽视的力量。以寒武纪、华为昇腾、比特大陆为代表的中国 AI 芯片公司纷纷推出自主研发的芯片，在图像、语音处理以及自动驾驶等领域取得了重要突破。这不仅增强了国产技术的自主可控性，也促进了全球 AI 芯片市场的竞争与繁荣。

第九章

物联网：

万物皆可联的“芯”世界

CHIP ERA :

THE
UBIQUITOUS
CHIPS

道生一，一生二，二生三，三生万物。

——老子《道德经》

2023年11月20日，第八届世界物联网大会在京召开，会上公布的数据显示，物联网智能技术驱动的世界数字经济正在以每年20%的体量高速增长，2023年全球物联网连接数增长了20%以上。预计到2030年，全球物联网连接数可能会超过800亿。

物联网作为21世纪最具革命性的技术之一，正在重塑各行各业，驱动全球社会经济变革。物联网主要应用在工业及生产制造、农业、交通车联、健康医疗、电力能源、环境保护、航空航天、军事装备、大众生活等行业领域。承载物联网数字经济的通信基础传输网络将向5G、6G、星链网络、量子传输、光子传输方向发展，连接形式也正在由万物互联走向万物智联，物联网支撑的数字经济产业化巨大浪潮正在扑面而来。

而在这一波变革浪潮中，物联网芯片无疑扮演着关键角色。它们不仅提升了设备的互联互通性能，还有效地优化了信息的传输路径和能耗，推动人类社会向全面智能化的世界迈进。

当今世界，信息技术的创新日新月异，随着数字化、网络化和智能化的不断深入发展，物联网技术正深刻地改变着我们的生活与工作方式。无论是智能家居、智慧城市，还是远程医疗、自动驾驶技术，抑或是农业中的智慧灌溉系统，物联网的潜力正被逐步挖掘。要让“万物互联”变为现实，小小的芯片扮演着至关重要的角色。作为物联网的大脑和神经，物联网芯片承担了从数据感知、传输、处理到保护的全流程功能。

1 万物可联的“芯”技术

物联网的发展为人类社会描绘出智能化世界的美好蓝图。从家居自动化到智能城市，从工业制造到精准农业，物联网的应用范围极其广泛。

想象一下，你可以通过随身携带的一个小巧的电子设备或直接用语音指令控制你家里的各种设备，如开关灯、调节温度、播放音乐、查看摄像头等；你可以通过导航系统、路况信息、停车位预订等服务，更快更安全地到达目的地；你可以通过可穿戴设备、远程监测、电子病历等方式，更好地关注你的健康状况并接受医疗服务；你可以通过智能农场、智能工厂、智能城市等方式，提高生产效率和生活质量；你甚至可以通过自动驾驶、虚拟现实、增强现实等方式，享受高效、舒适和安全的出行体验和娱乐体验。这些并不是科幻小说里的场景，它们都是物联网技术的应用。

可以说，物联网正在将物理世界与数字世界紧密连接。那么，究竟物联网中的“物”是如何连接的，各种功能又是如何实现的呢？在这一切的背后，芯片起了至关重要的作用。

物联网的广泛应用

❶ 传感器芯片：感知环境的触角

要实现物联网的核心目标——连接每一个“物”，首先需要能够感知和采集它们周围环境的信息。这个任务，便由各种各样的传感器芯片来完成。传感器芯片就像一只无形的触角，能够感知温度、湿度、压力、光线甚至气体浓度等多种环境参数，它们使得设备能够“看见”“听见”“触摸”世界的方方面面。本书第一章、第三章已对传感器芯片作过详细介绍，这里不再赘述。

例如，家用空调工作时，温湿度传感器芯片可以实时感知房间的温度和湿度变化，系统根据这些数据自动调整空调的运行模式，让室内环境随时保持舒适。而在农业应用中，土壤湿度传感器芯片能够实时监测农田的湿度，并将数据传输至中央控制系统，系统根据作物的生长需求优化灌溉策略，从而提高作物的产量。

❷ 无线通信芯片：数据传输的桥梁

有了传感器芯片采集数据，接下来如何让这些数据传输到其他设备或云端进行处理呢？这就需要无线通信芯片的帮助。无线通信芯片的作用，就好比是连通设备的桥梁，它能将数据以无线信号的形式从一个地方传递到另一个地方。本书第五章已对无线通信芯片作过详细介绍，这里也不再赘述。

想象一下，你的手腕上戴着一块智能手表，当你跑步时，手表的传感器采集了你的心率、步数和热量消耗等健康数据。无线通信芯片的工作，就是将这些数据实时发送到手机上的相关应用程序，甚至是云端存储系统，从而让你能够随时掌握自己的健康状态。

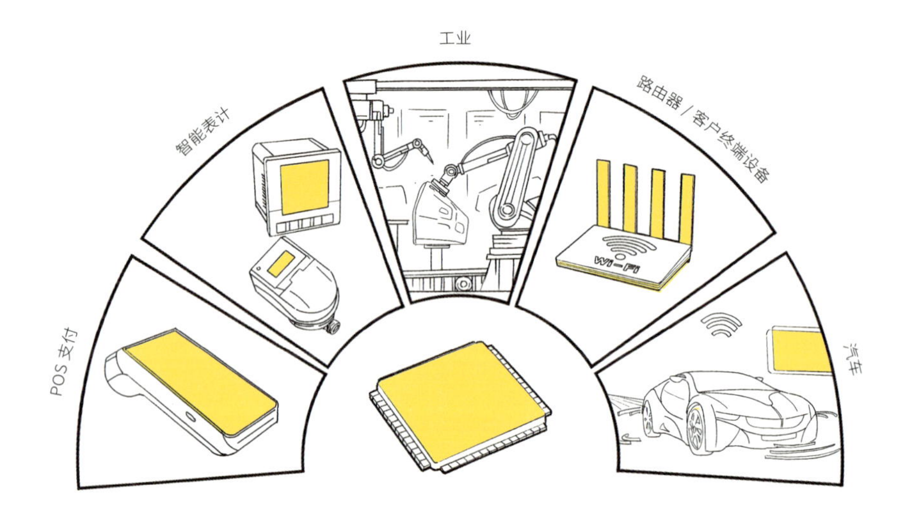

蜂窝网络芯片应用最广泛的前五大场景

根据联网方式，无线通信芯片可以分为**蜂窝网络芯片**和**非蜂窝网络芯片**。两种芯片各有千秋，适用于不同的物联网场景。

蜂窝网络芯片包括 2G/3G/4G/5G 以及 NB-IoT 等，它们通过移动蜂窝网络进行数据通信。POS 支付、智能表计、工业、路由器 / 客户终端设备以及汽车是蜂窝物联网芯片应用最广泛的前五大场景。

非蜂窝网络芯片则包括 Zig-Bee、蓝牙、Wi-Fi、LoRa、433MHz 等，它们通常用于本地或短距离通信。在空气质量监测中，LoRa 芯片因传输距离远且功耗低，成为智慧城市环境监测系统中的重要一环。而蓝牙芯片则常见于耳机、手环等可穿戴设备中，便捷高效地连接用户与设备。

〔科普加油站〕

▶ **渝芯、腾飞系列工业物联网核心芯片**

渝芯系列工业物联网核心芯片是重庆邮电大学自主研发的，全球唯一为ISA100.11a、WIA-PA 和 WirelessHART 三大工业无线国际标准关键技术提供硬件级支持的，用于工业物联网通信的**核心射频芯片**。芯片硬件时间同步精度为 27.5μs，硬件超帧调度最小时隙达到 1.5ms，休眠模式的最小电流为 0.1μA。其相比通用芯片节约 50% 左右的处理器资源、减少 47% 的处理时间，具有低功耗、低成本、微型化、高可靠性等突出特点，通过硬件来支持对处理速度和响应时间要求苛刻的操作，极大降低软件开发的复杂度，使工业物联网应用设备的研制变得更加简便和快速。

由重庆邮电大学自主研发的另一款芯片——腾飞系列工业物联网 SoC 芯片 (TF2400/TF4500)，是全球唯一支持三大工业无线国际标准的 **SoC 系列芯片**。它突破了精确时间同步、确定性调度、自适应节能、自适应跳信道、网络安全等技术瓶颈，获得 30 余项发明专利授权，制定了工业无线领域三大主流国际标准“WIA-PA 标准”，牵头制定了国际标准 2 项 (ISO/IEC19637、ISO/IEC21823-2 WD)，荣获 2013 年度中国标准创新贡献奖一等奖。

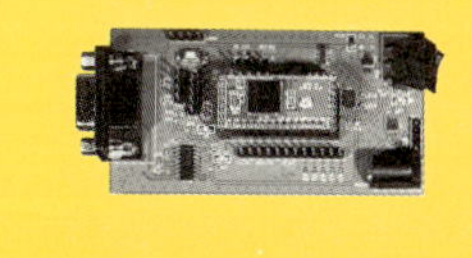

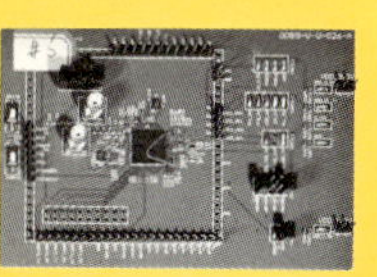

❸ 低功耗芯片：节能高效的关键

在物联网世界中，许多设备都依赖电池供电，并且需要长期运行，尤其是那些放置在荒野、偏远地区或其他难以频繁维护的地方。因此，如何减少能耗、延长设备续航时间成为一个关键问题。在这种情况下，低功耗芯片便顺理成章地成了“解药”。它们是物联网设备的“节能专家”，通过优化硬件和软件设计，让设备在保障性能的同时最大限度减少能量消耗。

比如在森林防火监控的应用中，安装在树上的传感器节点往往需要连续运行数年甚至更久，但受限于森林地形的复杂性与人力维护的高成本并不可行。这时，低功耗芯片的作用就显得尤为重要。凭借着极低的能耗，它们可以使这些传感器在极低功率模式下待机，并在需要运行时迅速被“唤醒”。因此，低功耗技术是物联网设备实现“全天候服务”的重要保障。

❹ 边缘计算芯片：实时处理的利器

在传统的计算模式中，大量数据需要传输到云端进行分析和处理，然后再将结果返回设备。然而，在车联网、工业机器人和智能安防等需要实时响应的场景中，这种延迟是不可接受的。边缘计算芯片的出现解决了这一难题。

如果说云计算是物联网的“后端大脑”，那么边缘计算芯片就是位于物联网前端的“小脑”。边缘计算芯片的主要作用是将部分计算任务分解到设备本地，减少对云端通信的依赖，从而提升实时处理的效率。

无人机是一种典型的需要边缘计算芯片的物联网设备。在农业领域，无人机飞行在农田上空，用摄像头捕捉作物生长的图像。边缘计算芯片对这些图像数据进行实时处理，可以快速分析出病虫害情况或作物生长的异常区域。如果没有边缘计算芯片，所有数据都要传输到云端进行处理，不仅网络延迟会拖慢决策速度，而且数据

科普加油站

▶ **云端、边缘**

在物联网中，终端设备用户产生的数据会被传输到服务器，服务器对数据进行分析和处理后，通过互联网将结果或指令返回终端用户，直接或间接完成相应操作。在这个过程中，负责数据处理的服务器设备被称为物联网的“大脑”。根据物联网系统的层级划分，“大脑”可分为云端和边缘两部分。

云端：物联网的大脑核心，提供强大的计算、存储、网络和安全等基础设施，以及丰富的平台、工具和服务资源。云端支持数据集中处理、模型训练、规则制定和策略下发等功能，是物联网系统的核心支撑。

边缘：物联网大脑的延伸，提供本地化的计算、存储、网络和安全等基础设施，以及灵活的平台、工具和服务资源。边缘侧支持数据的分布式处理、模型推理、规则执行和策略调整等功能，增强了物联网系统的实时性和适应性。

传输的频繁消耗也不利于无人机的续航。

因此，边缘计算芯片不仅降低了网络压力，更加快了设备的反应速度，使得许多复杂任务能够快速完成。

❺ 安全芯片：物联网的安全保障

物联网让万物互联，也让网络安全成为一个严峻的挑战。如果某个设备被黑客入侵，它所联通的整个系统就可能面临失控风险。这时候，安全芯片就派上了用场。安全芯片是物联网世界不可或缺的一颗定心丸，它通过硬件级的加密方案和身份认证功能，确保数据在传输和存储过程中的安全性。

智能门锁如今已经逐步进入了很多家庭，开锁操作通常依赖于指纹、密码或手机应用。然而，智能门锁也因接入了网络而面临潜在的黑客攻击风险。内置的安全芯片可以确保用户的开锁凭证不会被窃取，同时在数据传输的过程中实施加密，从而阻挡不法分子的“黑手”。

此外，安全芯片还被广泛应用于企业的工业设备、智慧医疗系统等需要高度保密的物联网场景中，是整个物联网生态的“安全盾牌”。

从上述种类丰富且分工明确的芯片中，你是否能够感受到物联网世界的奇妙与精密？在物联网中，传感器芯片是“感知大使”，无线通信芯片是“数据邮差”，低功耗芯片是“能量管家”，边缘计算芯片则是“实时分析师”，而安全芯片是“网络卫士”。它们各司其职，却又密切配合，共同编织了一个令人惊叹的“万物皆可联”的世界。

2 大有可为的物联网应用

从智能家居到智慧城市，再到精准农业和工业 4.0，物联网正在彻底改变我们的生活方式和生产模式。作为物联网的核心技术之一，物联网芯片承载了感知、计算和通信的任务，其发展历程见证了科技的飞速进步。

❶ 物联网概念的提出

物联网的概念可以追溯到20世纪下半叶。彼时，互联网刚刚崭露头角，计算机科学家们开始畅想，互联网的应用不应仅限于人与人之间的沟通，而应进一步扩展到物与物之间的信息交互。1998年，美国麻省理工学院创造性地提出了当时被称作EPC系统的“物联网”的构想。第二年，美国麻省理工学院的自动识别中心首先提出“物联网”的概念，他们设想，通过射频识别、传感器等技术，可以将现实世界中的物体与互联网连接起来，从而实现信息的无缝采集与共享。过去在中国，物联网被称为“传感网”。中科院早在1999年就启动了传感网的研究，并已取得了一些科研成果，建立了一些适用的传感网。

尽管这一概念在当时显得前瞻而富有颠覆性，但由于硬件技术的限制，物联网在诞生之初更像是一个遥远的理想，而非可以立即实现的技术方案。然而，这一想法就像一颗种子，深深植入了人类对“万物互联”的探索之中。它为未来技术的发展方向埋下了伏笔，也为人类社会的数字化转型提供了无限可能。

❷ 传感技术的进步

实现物联网的核心在于“物与物之间的信息交互”，而这离不开对环境信息的采集和处理。传感器作为信息采集的关键设备，能够将物理世界中的可观测量（如温度、湿度、光强、压力等）转化为电信号，为物联网的实现奠定了基础。

20世纪中后期，半导体技术的突破推动了传感器向小型化和高性价比方向发展。尤其是在 80 年代和 90 年代，互补金属氧化物半导体技术的成熟，使得传感器芯片可以大规模制造。这一时期，传感器技术在多个领域取得了飞跃式发展。例如，用于环境监测的气体传感器、用于工业生产的压力传感器，以及用于家庭安全的红外传感器等，都成为各自领域的核心工具。

21 世纪初，低功耗传感器联网技术的出现使物联网迈出了重要的一步。例如，低功耗蓝牙（BLE）技术的应用，使得传感设备可以在极低的能耗下持续运行数月甚至数年。这一技术突破不仅大大延长了设备的运行时间，也为后续物联网芯片的广泛应用奠定了坚实基础。

❸ 物联网应用的普及

从 2000 年至 2010 年，物联网技术从理论逐步走向实践，迎来了落地应用的关键时期。2005 年 11 月 17 日，在突尼斯举行的信息社会世界峰会（WSIS）上，国际电信联盟（ITU）发布了《ITU 互联网报告 2005：物联网》，正式提出了物联网的定义和范围，预测了无所不在的物联网通信时代的到来。至此，物联网正式成为人类社会中受到重视的新型技术概念，并且相关领域开始迅速发展。

最初，物联网的实现依赖于大规模的无线传感器网络。人们开始广泛使用射频识别（RFID）技术来追踪物流、标识商品，同时部署传感设备进行农业监测、环境监测等应用。

随着硬件性能的提升，物联网展现出了巨大的市场潜力，吸引了英特尔、高通等芯片巨头的关注。这一时期，嵌入式芯片的设计进入了高速发展阶段，专为物联网应用设计的“片上系统”技术逐渐成熟。这种集成了感知、计算和通信功能的芯片，使得物联网终端设备变得更加紧凑、高效。

与此同时，物联网专用通信协议的诞生为技术的普及扫清了障碍。例如，ZigBee 和 6LoWPAN 等协议相较于传统的 Wi-Fi 或蜂窝网络，具备低功耗、长距离和高并发的特点，为物联网设备在不同场景下的广泛应用提供了支持。这些技术的突破，使得物联网从概念逐步走向了实际应用。

2008 年被认为是物联网发展史上的一个里程碑，这一年联网的设备数量首次超过了全球人口数量。也就是从那时起，人们发现物联网不再是遥不可及的未来技术，而是迈向实际应用和实施的新阶段。

2009 年 8 月，无锡市率先建立了“感知中国”研究中心，中国科学院及多家运营商、多所大学紧随其后，在无锡建立了物联网研究院。同年 10 月，中国第一颗自主研发的物联网芯片——“唐芯一号”在第四届中国民营企业科技产品博览会上亮相，这也意味着我国在国际物联网产业有了话语权。

❹ 智能家居的兴起

2010 年之后，物联网迎来了消费级应用的爆发期，其中最引人注目的便是智能家居的崛起。从智能灯泡、智能音箱到智能门锁，物联网产品正在逐步改变人们对“家”的传统认知。

智能家居的快速发展离不开物联网芯片的技术进步。从早期硬件设计复杂、功能单一的设备，到如今支持多功能的智能家居生态系统，技术的迭代速度令人惊叹。科技巨头也相继推出了自己的物联网平台，进一步推动了智能家居的普及。

物联网芯片在智能家居中的发展主要体现在以下几个方面。

功耗降低：以智能音箱为例，低功耗芯片的应用使设备能够实现始终在线的语音交互，同时保障长时间运行而无须频繁充电。

AI 算力支持：随着用户对智能化的需求不断提升，具备 AI 推理能力的物联网芯片应运而生。这些芯片能够执行本地化的图像处理、语音识别和环境分析等任务，大幅提升了设备的智能化水平。

安全性增强：物联网设备逐渐引入硬件加密技术，从芯片底层保障用户隐私和数据传输的安全性。

这些技术的进步不仅提升了智能设备的功能，也降低了制造门槛，使得越来越多的家电设备实现了“物联网化”。智能家居市场的火热发展，标志着物联网技术在消费领域的全面普及。

我国芯片企业不断提升芯片设计、制造、封装测试等环节的技术水平，取得了显著的技术突破，推出了多款具有市场竞争力的物联网

科普加油站

▶ CY系列工业物联网核心芯片

重庆邮电大学设计制造了世界首款支持三大工业无线国际标准的**物联网核心芯片**。其兼容 IEEE802.15.4 规范，实现时隙通信、跳信道、超帧调度时间同步、安全管理等关键技术，支持低功耗休眠模式，主要面向工业级专用领域，广泛用于流程工业、智能制造、智能电网、智能交通等行业。

芯片产品。一批具有较强实力的物联网芯片研发企业，如华为、紫光展锐、联发科、展讯通信等，在技术研发、市场推广、产业链整合等方面均表现出色，成为推动我国物联网芯片产业发展的重要力量。

❺ 未来的无缝互联世界

物联网的终极目标是构建一个“无缝连接的物理与数字世界”，让所有物体都能够互联互通，协同工作。未来属于万物交互的时代，而物联网芯片将是实现这一愿景的关键推动力。

从技术发展趋势来看，未来物联网芯片将朝以下方向不断演进。

更强算力与更高能效比：未来的物联网芯片将集成更多 AI 模块，以支持自动驾驶、实时健康监测等复杂计算任务，同时优化能耗，提升设备的续航能力。

边缘计算的普及：随着芯片性能的提升，更多计算任务将从云端转移到边缘设备上进行。（边缘设备是指靠近数据源或用户端的设备，能够在本地完成部分计算任务，减少对云端的依赖。常见的边缘设备包括智能手机、智能家居设备、自动驾驶汽车等。例如智能手机中人脸识别等任务可直接在手机上完成，无须上传到云端。）这不仅降低了数据传输的延迟，还提升了系统的可靠性。

无电池运行设备：通过从环境中获取能量（如太阳能、振动能或射频能），新型芯片将实现自供电，摆脱对传统电池的依赖，为物联网设备带来更高的自由度。

超低延迟与超高接入量的网络：随着 5G 和未来 6G 技术的推进，物联网将容纳更多设备，并实现几乎实时的数据传输。这不仅会推动工业和医疗领域的变革，也将为家庭娱乐和虚拟现实体验带来新的可能。

更重要的是，未来的物联网可能不再依赖具体的设备，而是基于“环境智能”的理念。届时，物联网将无处不在，物理世界、数字空间和人类智能将融为一体。

从最初的理论构想到传感器技术的突破，再到如今智能家居的普及，物联网的每一步发展都离不开物联网芯片的推动。尽管这一领域的技术进步从来不是一帆风顺，但它始终在不断突破，逐步勾勒出一幅“万物互联”的壮丽蓝图。随着技术的进一步发展，物联网将继续引领人类迈向无缝互联的新世界。

第十章

云计算：

让计算资源无边界

CHIP ERA：

THE UBIQUITOUS CHIPS

多算胜，少算不胜，而况于无算乎！

——孙武《孙子兵法》

2024年7月23日，由中国通信标准化协会主办，中国信息通信研究院承办的2024可信云大会在北京召开。大会发布了2024年度云计算十大关键词：应用现代化、大模型云服务、智云融合、一云多X、分布式云、云优化治理、“云+应用”运行安全、云原生安全、行业云平台、央国企上云。通过这十大关键词可以看出，云计算已成为搭建灵活高效IT基础设施的数字基石，同时也是推动企业业务创新和智能化升级的关键。

云计算在数字时代中扮演着核心基础设施的角色。目前，我国的云计算产业整体发展日趋成熟，以人工智能为代表的一系列新需求、新技术和新业态正在加速迭代，为云计算产业带来了全新的发展机遇和挑战。

云计算作为数字时代的新型基础设施，已经深度融入我们的日常生活和工作中，成为推动和引领全球数字化变革的重要力量。云计算是一种通过互联网提供计算资源和服务的技术。用户可以按需访问存储、计算能力和应用程序，而不必拥有相应的硬件设备或软件。云计算的应用领域广泛而深入，从个人的在线储存、照片备份，到企业的客户关系管理（CRM）、大数据分析，再到政府的智慧城市建设，云计算以强大的灵活性和可扩展性，成为推动技术创新和提高效率的关键力量。当前，云计算正处于快速发展阶段。各大科技公司不断优化云平台，增强安全性和功能性，以满足多样化的市场需求。与此同时，随着5G、大数据和人工智能等技术的整合，云计算的应用前景更为广阔。

1 云计算：数字世界的基础底座

从我们每天使用的社交媒体、在线购物，到企业的智能分析和大规模数据存储，云计算无处不在。

云计算已经成为现代技术转型的重要推动力，为各行各业提供了灵活而强大的解决方案。与本地部署相对应，云计算的服务模式主要分为三种：**基础设施即服务**（IaaS）、**平台即服务**（PaaS）和**软件即服务**（SaaS）。每种服务模式各具特色，有着特定的应用场景。

在这个庞大的“云端世界”背后，支撑其高效运转的核心力量，便是各种各样的芯片。可以说，芯片是云计算的心脏和大脑，没有它们，云计算将无法实现。云计算系统的核心组成部分主要包括计算资源、存储资源和网络资源。与上述核心资源对应，云计算领域主要依赖三种芯片：**数据中心处理器**、**存储芯片**和**网络芯片**。

科普加油站

▶ 本地部署、基础设施即服务（IaaS）、平台即服务（PaaS）、软件即服务（SaaS）

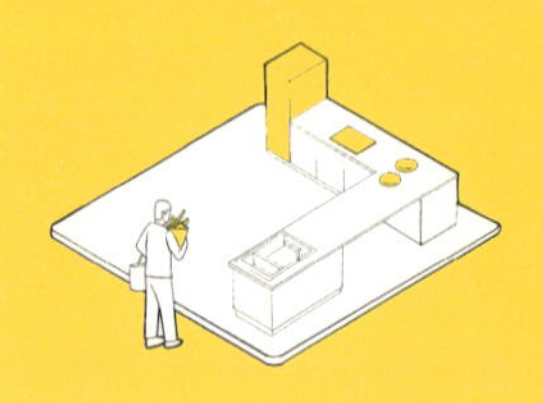
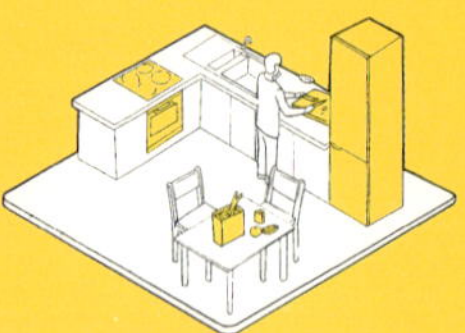

IaaS、PaaS、SaaS示意

为了让大家更容易理解上面几个概念，我们以日常生活中的吃饭为例来说明。假设客户的目标是吃到饭。如果客户自己购买燃气灶、锅碗瓢盆、食材调料，自己做饭，就是**本地部署**。如果云计算厂商提供燃气灶、锅碗瓢盆等基础设施，客户自己购买食材调料，并动手做饭，就是**基础设施即服务**（IaaS）。如果云计算厂商提供燃气灶、锅碗瓢盆等基础设施，以及食材调料，客户只需要进行烹饪，那就是**平台即服务**（PaaS）。如果云计算厂商直接提供饭菜成品，客户只需要张嘴吃，那就是**软件即服务**（SaaS）。

由此，可以简单理解为：IaaS 把基础设施作为服务卖给客户，为用户提供了最大的灵活性，允许他们完全控制操作系统和应用程序的配置；PaaS 是把平台作为服务卖给客户，开发者可以专注于应用程序的开发，而无须关心底层基础设施的管理；SaaS 是把软件作为服务卖给客户，用户无须安装和维护这些软件，只需通过浏览器或客户端访问即可。

❶ 数据中心处理器：云计算的中枢

如果把云计算比作一个庞大的云端工厂，那么数据中心处理器就是这个工厂的大脑和中枢指挥官。它们负责处理和执行各种复杂的计算任务，确保整个系统的高效运行。

数据中心处理器主要包括中央处理器（CPU）和图形处理器（GPU）两种类型。通过本书前几章的内容，我们可知，CPU 擅长处理通用任务，比如运行操作系统、管理数据库等；而 GPU 则在处理大规模并行计算任务时表现出色，比如机器学习和深度学习。近年来，随着人工智能和大数据的兴起，GPU 在云计算中的地位越来越重要。

此外，还有一些专门为云计算优化的专用集成电路（ASIC）和现场可编程门阵列（FPGA），它们可以根据特定的任务需求进行优化，提供更高的性能和能效。关于 ASIC 和 FPGA，本书第八章有详细介绍，这里不再赘述。

可以这样理解，CPU 就像一名擅长指挥和决策的将军，负责统筹全局，制定战略，分配任务；GPU 则是能干的士兵，数量庞大，执行简单、重复的任务，效率极高；而 ASIC 和 FPGA 则是定制工匠，专门为某些特定任务量身打造。正是这些“芯工人”的通力合作，才让云计算能够高效处理海量数据，支持从实时视频流到复杂科学计算的各种应用。

❷ 存储芯片：数据的仓库

云计算的本质是对数据的存储、处理和传输，而在这个过程中，存储芯片扮演着仓库管理员的角色。它们负责存储和管理海量数据，确保数据能够快速、可靠地被读取和写入。

关于存储芯片，前面章节已有详细内容，这里只作简单介绍。存储芯片主要分为 DRAM 和 NAND 闪存两大类。DRAM 的特点是速度快，适合临时存储正在被处理的数据，就像一个高速缓存区，帮助处理器快速获取所需信息。而 NAND 闪存则更像一个长期仓库，负责存储那些需要长期保存的数据，比如用户的照片、视频和文档。

在云计算的应用场景中，存储芯片的作用尤为重要。例如，当你在云端上传一张照片时，这张照片会被存储在数据中心的 NAND 闪存中；而当你打开这张照片时，系统会将它临时加载到 DRAM 中，以便快速显示。随着云计算对存储需求的不断增长，存储芯片的技术也在不断进步，比如更高密度的 3D NAND 技术和更快的存储接口，都在推动云计算的发展。

可以说，存储芯片是云计算中不可或缺的数据仓库，它们不仅要容量大，还要速度快、可靠性高，以满足用户对数据存储和访问的需求。

❸ 网络芯片：云端的运输工具

如果说数据中心处理器是云端工厂的大脑，存储芯片是仓库，那么网络芯片就是连接这一切的运输工具。它们负责在云计算系统内部以及用户与云端之间传输数据，确保信息能够快速、稳定地到达目的地。

网络芯片的主要功能是处理和加速数据的传输，它们包括网卡芯片、交换机芯片和路由器芯片等。例如，当你在手机上观看一部在线电影时，网络芯片会负责将数据从云端的数据中心传输到你的

科普加油站

▶ 支持多协议的工业无线网关核心板

重庆邮电大学成功研制了支持多种无线协议的网关，形成“以边界网关为桥梁的全网统一设备描述 XML、统一即时通信 XPP、统一资源管理 TR069 与统一地址编码 IPv6”全互联制造网络总体架构，通过 IPv6 实现网络的互联互通、通过 OPC UA 实现信息的互联互懂，达到每个物件都“可寻址、可通信、可控制”的目标。

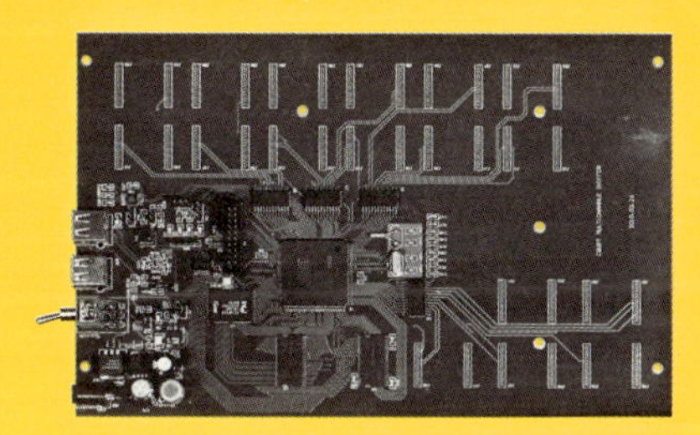

设备上，并确保视频播放的流畅性。为了满足云计算对高速数据传输的需求，网络芯片正在向更高带宽、更低延迟的方向发展，比如支持 100Gbps 甚至 400Gbps 的高速网络接口。

除了带宽和延迟改善，网络芯片还需要具备很强的“抗堵塞”能力，避免数据传输过程中出现“交通拥堵”。特别是在 5G 和物联网时代，云计算需要处理的设备连接数和数据流量呈指数级增长，这对网络芯片提出了更高的要求，网络芯片必须承担更大的数据调度压力，满足复杂网络环境的需求。

从数据处理的“大脑”数据中心处理器，到存储数据的“仓库”存储芯片，再到连接一切的“运输工具”网络芯片，这些芯片共同构成了云计算的“芯”支撑。它们各司其职、密切配合，为云计算的高效运行提供了强大的技术保障。

2 从本地到云端的迁移

云计算的实现离不开底层硬件技术的支持，芯片的演变与进步历程推动了云计算的发展，也见证了信息技术产业从本地存储迁移到云端的伟大转变。

❶ 云计算的起源

云计算的历史可以追溯到 20 世纪 60 年代，当时美国麻省理工学院的约瑟夫 · 利克莱德教授在讨论星际计算机网络的一系列备忘录中引入了全球网络的最初构想，这些构想中描绘了云计算的场景。同一时期，美国麻省理工学院的约翰 · 麦卡锡教授提出了公共计算服务的概念，也就是利用分时技术和网络技术，实现计算机资源的共享和按需使用。然而，受到当时技术水平的限制，这一理念并未引起广泛关注。这是现代云计算技术基础的雏形，也是虚拟化和分布式的起源。

约瑟夫·利克莱德（左）和约翰·麦卡锡（右）

20 世纪 90 年代，互联网的迅猛发展掀起了一场交流方式的革命。人们得以打破地域限制，不再局限于单一设备，而是能够更广泛地共享信息与资源。在这一背景下，一个崭新的概念——云计算，开始在科研领域被提出。尽管当时“云”的概念尚未成熟，但其核心思想——“资源共享”已初现端倪。而这一理念的背后，则是芯片技术的不断演进。芯片从单一化向高性能、多核心架构的方向发展，为未来云计算环境的构建奠定了坚实的硬件基础。

进入 21 世纪，亚马逊在 2006 年率先推出了“弹性计算云”，标志着现代意义上云计算的诞生。亚马逊通过虚拟化技术将硬件计算资源拆分成灵活的资源池，企业用户可以根据自身需求按量购买计算能力。这种弹性化的资源分配模式不仅降低了企业的硬件成本，也极大提高了资源利用率。亚马逊的创新引发了全球科技企业的广泛关注，掀起了一股云计算的研发热潮。

❷ 虚拟化技术的发展

云计算的强大之处在于其高效的资源整合能力，而这一能力的实现离不开虚拟化技术的发展。虚拟化技术使得一台物理服务器能够运行多个相互独立的虚拟机，从而最大化地利用计算资源。然而，在云计算发展的早期阶段，虚拟化技术主要依赖于软件仿真，这种方式存在显著的性能瓶颈。

为了解决这一问题，芯片制造商开始在硬件层面支持虚拟化。2005 至 2006 年，英特尔和 AMD 分别推出了 VT-x 和 AMD-V 技术，通过在芯片中加入专门的指令集和硬件支持，大幅优化了虚拟化性能。这些硬件辅助虚拟化技术使得虚拟机的运行更加高效、稳定，从而推动了云计算的普及。

与此同时，随着云计算需求的增长，专门为云环境设计的芯片开始出现。例如，ARM 架构芯片以其低功耗和高定制化的特点，逐渐成为一些云计算企业的首选。2018 年，亚马逊推出了基于 ARM 架构的 Graviton 芯片，这款定制芯片不仅性能优越，还显著降低了运营成本，标志着芯片设计从通用化向专用化的转变。

❸ 大数据与云计算的结合

如果说虚拟化技术为云计算铺平了道路，那么大数据的兴起则为云计算插上了腾飞的翅膀。在现代社会，从物流配送的优化到医学影像的分析，大数据已经深入生活的方方面面。然而，处理海量数据的需求也对芯片技术提出了更高的要求。传统的通用芯片在面对大规模数据处理时逐渐显得力不从心。

为应对这一挑战，芯片设计开始向专用化方向发展，涌现出大量为特定任务优化的加速器芯片。其中，GPU 因其高并行计算能力成为云计算数据处理的理想选择。英伟达等公司通过不断优化 GPU 技术，推出了如 A100 等高性能数据中心 GPU，显著提升了机器学习和深度学习的运算效率。

此外，专用 AI 芯片的出现进一步推动了云计算的发展。例如，谷歌的张量处理器（TPU）和亚马逊的 Inferentia 芯片，专为人工智能任务设计，极大提升了模型训练和推理的效率。TPU 自 2016 年起便被用于机器学习任务，并于 2018 年被集成到谷歌云（Google Cloud）中，用于支持大规模模型的训练服务。这些专用芯片在降低能耗和延迟方面表现出色，成为云端 AI 服务的核心硬件。

随着5G技术的普及，边缘计算设备的需求逐渐增加，芯片技术也迎来了新的变革。例如，高通的5G芯片支持更高带宽的实时处理能力，使得边缘计算节点能够快速响应核心云端设备的需求。这种“云+边”的协同模式为未来的技术发展提供了全新的方向。

❹ 云服务的普及

如今，云服务已从科技领域的“尝鲜”技术发展到全社会广泛应用。从日常使用的线上文档、流媒体，到企业级的数据存储和商业决策平台，云计算的身影无处不在。这一普及化趋势也对芯片设计提出了新的要求。

首先，为应对数据中心规模的不断扩张，芯片研发更加注重功耗的降低和能效比的提升。例如，亚马逊的Graviton4芯片在性能提升的同时显著降低了功耗，这不仅减少了服务器的运营成本，也在一定程度上减少了碳排放。

其次，在“云+边”的新计算格局下，边缘设备的芯片设计需要兼顾性能与轻量化。例如，华为昇腾310芯片适配智慧城市和工业物联网场景，为边缘计算提供了良好的解决方案。这种芯片设计理念为未来云边协同模式的进一步发展提供了重要启示。

在中国，云计算芯片行业近年来也取得了显著进展。例如，百度的昆仑芯片已迭代至第三代，并广泛应用于搜索引擎、金融业务及智能云AI业务；阿里巴巴旗下的平头哥半导体推出了镇岳510固态硬盘主控芯片，为云存储场景深度定制；华为的鲲鹏芯片则以其高性能和低功耗特点，广泛应用于数据中心和云计算服务。这些成果表明，中国在云计算芯片领域正迎头赶上当前的领头羊——美国。

未来，量子计算芯片或将成为云计算领域的下一个技术里程碑。尽管目前量子计算仍处于实验阶段，但一些公司在这一领域的研究已初见成效。若量子芯片能够突破技术瓶颈，未来云计算的性能和效率将不可同日而语。

芯片技术的发展，既是云计算成长历程中的里程碑，也是信息技术生态系统进化的重要缩影。从通用到专用，从高功耗到高能效，芯片的跨越式发展使得云计算得以从概念走向现实，并逐步走入千家万户。

后记

CHIP ERA：

THE UBIQUITOUS CHIPS

当读完这本书时，你是否对芯片技术的创新产生了兴趣？是否对芯片的未来充满了想象？我们相信，你已经对芯片这一微小却强大的科技产物有了更加深入的了解。

作为“筑梦芯时代”科普丛书的开篇之作，本书旨在以深入浅出的语言、生动形象的插图和贴近生活的案例，向读者描绘芯片技术的全景图：从口袋里的智能手机到疾驰的智能汽车，从手术台上的医疗机器人到守护城市的安防系统，从云端的算力洪流到物联网编织的万物互联之网……芯片技术已经深刻融入了我们日常生活的方方面面。它不仅是现代科技的核心驱动力，更是推动社会进步的重要引擎。通过这本书，我们希望带领你了解芯片的种类与功能，感受它们如何改变我们的生活方式，并通过一个个实际的案例，让你体会芯片技术的广泛应用。

芯片技术的发展离不开科学精神的引领，也离不开无数人的辛勤付出。每一处技术壁垒前，都矗立着无数执着的身影。这让我们坚信，科普不仅是知识的传递，更是精神火种的播撒。在当今世界，芯片产业已成为国家科技竞争的重要战略高地，其发展水平直接关系到一个国家的经济实力、国防安全和科技自主权。因此，我们每一个人，尤其是青少年，都有责任关注芯片技术的发展，并为推动科技进步贡献自己的力量。

我们深知科普的重要性。我们希望，这本书不仅能帮助你掌握芯片的基础知识，点燃你对芯片技术的兴趣，还能激发你对未来科技发展的无限想象。我们相信，在不久的将来，会有更多的科技爱好者投身于芯片技术的发展与创新，为中国科技的崛起贡献力量，一起筑梦“芯”时代。愿这本书成为你探索芯片世界的起点，为未来书写更加辉煌的篇章。

芯片技术发展迅速，涉及领域广深，编者虽力求内容准确新颖，然囿于学识，书中难免存有疏漏或不足之处，敬请读者指正。

最后，我们要特别感谢所有为本书付出努力的专家、学者、编辑和设计人员，是他们的辛勤工作让这本书得以呈现在你的面前。同时，我们也要感谢每一位读者，正是你们对知识的渴求与对科学的热爱，让我们的工作充满意义。

愿每一位读者都能在这本书中发现乐趣、收获启发，并在未来的日子里，持续关注芯片技术的发展与创新。

“筑梦芯时代”科普丛书编委会
2025 年 3 月

编目（CIP）数据
. 无所不在的芯片 / 李章勇主编 ; 吴静等
-- 重庆 : 重庆出版社, 2025. 4 (2025. 6重
. -- ISBN 978-7-229-20045-9
Ⅰ. TN43-49
中国国家版本馆CIP数据核字第202542S8V5号

芯时代：无所不在的芯片

XIN SHIDAI: WUSUOBUZAI DE XINPIAN

李章勇　主编　吴静　张红升　副主编

吴静　余胜奇　赵静欣　编著

策　　划：李　斌　郭　宜
执行策划：夏　添
责任编辑：刘云颖
责任校对：刘　刚
封面设计：刘　洋
版式设计：南　酱
插　　画：大　鹏

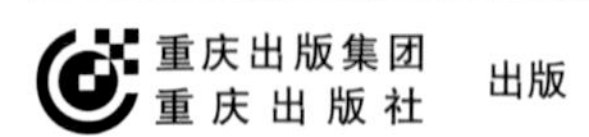

出版

重庆市南岸区南滨路162号1幢　邮政编码：400061　http://www.cqph.com
重庆国丰印务有限责任公司印刷
重庆出版社有限责任公司发行
邮购电话：023-61520678
全国新华书店经销

开本：889mm×1194mm　1/32　印张：5.25　字数：170千字
版次：2025年4月第1版　印次：2025年6月第2次印刷
ISBN 978-7-229-20045-9
定价：45.00元

如有印装质量问题，请向本集团图书发行有限公司调换：023-61520678